質点系の力学

ニュートンの法則から剛体の回転まで

岡 真 [著]

フロー式
物理演習
シリーズ

須藤彰三
岡　真
[監修]

共立出版

刊行の言葉

　物理学は，大学の理系学生にとって非常に重要な科目ですが，"難しい"という声をよく聞きます．一生懸命，教科書を読んでいるのに分からないと言うのです．そんな時，私たちは，スポーツや楽器（ピアノやバイオリン）の演奏と同じように，教科書でひと通り"基礎"を勉強した後は，ひたすら（コツコツ）"練習（トレーニング）"が必要だと答えるようにしています．つまり，1つ物理法則を学んだら，必ずそれに関連した練習問題を解くという学習方法が，最も物理を理解する近道であると考えています．

　現在，多くの教科書が書店に並んでいますが，皆さんの学習に適した演習書（問題集）は，ほとんど見当たりません．そこで，毎日1題，1ヵ月間解くことによって，各教科の基礎を理解したと感じることのできる問題集の出版を計画しました．この本は，重要な例題30問とそれに関連した発展問題からなっています．

　物理学を理解するうえで，もう1つ問題があります．物理学の言葉は数学で，多くの"等号（＝）"で式が導出されていきます．そして，その等号1つひとつが単なる式変形ではなく，物理的考察が含まれているのです．それも，物理学を難しくしている要因であると考えています．そこで，この演習問題の中の例題では，フロー式，つまり流れるようにすべての導出の過程を丁寧に記述し，等号の意味がわかるようにしました．さらに，頭の中に物理的イメージを描けるように図を1枚挿入することにしました．自分で図に描けない所が，わからない所，理解していない所である場合が多いのです．

　私たちは，良い演習問題を毎日コツコツ解くこと，それが物理学の学習のスタンダードだと考えています．皆さんも，このことを実行することによって，驚くほど物理の理解が深まることを実感することでしょう．

須藤　彰三
岡　　真

まえがき

　本書は，標準的な理工系の大学1年生が学習する力学の分野で，必須と思われる項目を選んで，それらを例題として解いてみることにより，自分で学習することができるように書かれている．力学は高校の物理でも学習する内容なので，ともすれば大学1年生の段階では軽視されることがある．しかし，大学入試の力学の問題を速やかに解けるようになることと，物理学の基本である力学の原理とその背後にある考え方を習得することの間には，かなり大きなギャップがあるように思われる．大学1年生は，パターン化された問題の答をだすことには達者だが，実はその原理を理解していないため，少し問題が一般化されると，手も足もでなくなることが多い．

　本書では，もっとも基本的な例題を30題選び，それを解くために必要な考察の手順と原理，それを解く手法を1つずつ丁寧に解説することにより，基本法則とその概念および具体的に問題を解くプロセスをしっかりと身につけて，先へ進むことができるようにしてある．1題1題が次へつながるように構成されているので，そのステップを踏んで進むことが重要で，つまみ食いをすることなく，最初からきちんと1題ずつ学習してほしい．

　各章の最初に「内容のまとめ」として，もっとも基本的な事項と必要な公式などが示してある．その内容は，続く例題で導く場合もあり，また具体的な場合に適用される．それぞれの例題には「考え方」として，その例題の背景や必要な知識を導入するとともに，解くための基本的な考え方と解き方の具体的な手順を示してある．「解答」は単に答を得ることが目的ではなく，その背後にある原理や考え方，得られた答の数式の解釈を与えて，それによって内容の理解が深まるように工夫されている．答として得られた数式をできるだけ図示することで，直感的に物理の内容が理解できるようにした．解答欄の右側には解の途中で，気をつけなければならないポイントを解説してある．ふだん整えられた解だけを見ていると見逃す注意点があることに気がつくだろう．さらに，それぞれの例題に関連する発展問題が与えられているが，例題で提示された原

理や手法を理解したことを確かめるためにぜひ自力で解いて欲しい．

　本書が，理工系の大学生で現在力学を学んでいる人だけでなく，大学院入試などのために復習をしたい人や，さらには高校の物理を超えた力学を自習したい人，昔学んだ力学を思い出したい人など，さまざまな場合に役立つ書であることを願っている．

2013 年 1 月

岡　真

目 次

まえがき iii

1　運動の記述　1
例題 1【1 次元運動の位置，速度，加速度】. 3
例題 2【微分方程式】. 6
例題 3【2 次元および 3 次元運動】. 10

2　ニュートンの法則　13
例題 4【減衰振動】. 15
例題 5【抵抗のある物体の投てき運動】. 19
例題 6【定数係数の斉次線型 2 階微分方程式の一般解】. . 23
例題 7【バネの強制振動】. 26
例題 8【力積と運動量の変化】. 29
例題 9【連成振動】. 32

3　仕事とエネルギー　35
例題 10【摩擦力による仕事】. 38
例題 11【保存力による運動】. 41
例題 12【3 次元運動の仕事と位置エネルギー】. 45
例題 13【位置エネルギーと力の関係】. 50

4　角運動量とトルク　53
例題 14【ベクトルの外積】. 54
例題 15【極座標と単位ベクトル】. 56
例題 16【角運動量とトルク】. 60

例題 17【振り子の運動】. 64

5　万有引力とケプラーの法則　　68
　　　例題 18【ケプラーの法則と楕円軌道】. 70
　　　例題 19【中心力運動の力学的エネルギー】. 74
　　　例題 20【一様な球による万有引力】. 79

6　多粒子系の運動　　84
　　　例題 21【質点系の運動】. 86
　　　例題 22【バネで結ばれた 2 質点の運動】. 88

7　剛体の回転運動　　91
　　　例題 23【剛体の慣性モーメント】. 94
　　　例題 24【滑車の回転】. 98
　　　例題 25【剛体振り子】. 102

8　剛体の並進と回転運動　　105
　　　例題 26【転がり落ちる剛体】. 107
　　　例題 27【ヨーヨーの運動】. 109
　　　例題 28【こまの歳差運動】. 111

9　座標変換と見かけの力　　114
　　　例題 29【ガリレイ変換と散乱問題】. 117
　　　例題 30【回転系での慣性力】. 121

A　テイラー展開　　125

B　多重積分　　127

C　発展問題略解　　130

重要度 ★★★★★

1　運動の記述

―《 内容のまとめ 》―

　粒子の運動は，その位置を表す座標を時間の関数として与えることにより表される．もっとも簡単な一直線上での粒子の運動（1 次元運動）を表すには，時刻 t における粒子の位置 $x(t)$，速度 $v(t)$，および加速度 $a(t)$ を用いる．位置座標 $x(t)$ を時間で微分すると速度 $v(t) = \dfrac{dx}{dt}$ が得られ，さらにその時間微分は加速度 $a(t) = \dfrac{dv}{dt} = \dfrac{d^2x}{dt^2}$ となる．ニュートンの運動の法則では，粒子に加わる力によって加速度が与えられるので，加速度から速度，さらに粒子の位置座標を求めることが，力学の主たる目標となる．

$$\boxed{力} \implies \boxed{加速度} \underset{積分}{\overset{微分}{\rightleftarrows}} \boxed{速度} \underset{積分}{\overset{微分}{\rightleftarrows}} \boxed{位置座標}$$

　加速度が時間の関数として与えられた場合は，これを積分して速度，さらにもう 1 回積分して粒子の位置が求められる（この章では，v は速度，a は加速度を表すこととする）．

$$v(t) = v_0 + \int_0^t a(t')dt' \tag{1.1}$$

$$x(t) = x_0 + \int_0^t v(t')dt' \tag{1.2}$$

$$= x_0 + v_0 t + \int_0^t \int_0^{t'} a(t'')dt''\,dt'.$$

積分結果は，x_0, v_0 という任意定数（積分定数）を含む．これらは，運動の初

期条件，すなわち，時刻 0 での粒子の位置 $x(t=0) = x_0$ や速度 $v(0) = v_0$ によって決まる．

右図のように，積分を区分求積法で考えるとわかりやすい．瞬間的な速度 $v(t'_i)$ に微小時間間隔 $\Delta t'$ をかけると微小時間に進む距離となるので，それを足し合わせて $\Delta t' \to 0$ の極限をとると $t' = 0 \to t$ の間に進んだ距離が速度の積分として得られる．

速度や加速度は符号を持つことに注意しよう．速度が負になると逆向きに進むので進んだ距離も減少する．3 次元の運動では，位置，速度，加速度はすべてベクトルで表示され，大きさと向きを持つ量である（例題 3 参照）．速度の大きさだけが必要な場合は "速さ" とよぶことがある．

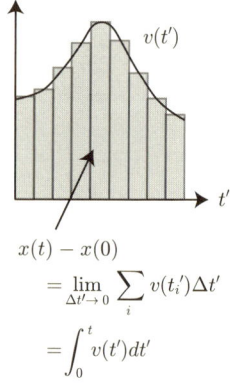

$$x(t) - x(0) = \lim_{\Delta t' \to 0} \sum_i v(t'_i) \Delta t' = \int_0^t v(t') dt'$$

速度や加速度など物理で扱う数値—物理量—にはそれぞれ単位がついている．物理量の単位には国際単位系 (SI) とよばれる単位系を用いる．SI では，質量をキログラム (kg)，長さをメートル (m)，時間を秒 (s) などを基本単位とし，これらを組み合わせてその他の物理量の単位を表す．たとえば，速度の単位は m/s（メートル毎秒），加速度の単位は m/s^2（メートル毎秒二乗）となる．また，物理量の次元として，質量を M，長さを L，時間を T と表し，これらの組合せで他の物理量の次元を表すと便利なことがある．たとえば，速度の次元は LT^{-1}，加速度は LT^{-2} である．

例題 1　1次元運動の位置，速度，加速度

(a) $x(t) = v_0 t - \dfrac{1}{2}gt^2$ の場合の v と a を求めよ．

(b) $x(t) = A\cos\omega t + B\sin\omega t$ の場合の v と a を求め，a を x を用いて表せ．

(c) $v(t) = v_0 e^{-\eta t}$ で与えられるとき，x と a を求めよ．ただし，$x(t=0) = x_0$ とせよ．t が十分大きくなると，運動はどうなるか．

(d) $a(t) = b + ct$ の場合，v と x を求めよ．ただし，$x(0) = 0$, $v(0) = 0$ とせよ．

考え方

粒子の位置 $x(t)$ の時間微分が速度，さらに速度の時間微分が加速度である．

$$x(t) \longrightarrow v = \frac{dx}{dt} \longrightarrow a = \frac{dv}{dt} = \frac{d^2x}{dt^2}.$$

逆に，加速度 $a(t)$ が与えられた場合には，積分式 (1.1), (1.2) を用いて，速度，位置を求めることができる．

‖解答‖

(a) t で1回微分して速度，2回微分すると加速度が得られる．

$$v(t) = \frac{dx}{dt} = v_0 - gt \tag{1.3}$$

$$a(t) = \frac{dv}{dt} = -g. \tag{1.4}$$

(b) 同じく x を時間で微分する．

$$v(t) = -A\omega\sin\omega t + B\omega\cos\omega t \tag{1.5}$$

$$a(t) = -A\omega^2\cos\omega t - B\omega^2\sin\omega t$$
$$= -\omega^2 x(t). \tag{1.6}$$

この運動は振幅 $C = \sqrt{A^2 + B^2}$ と初期位相 δ （デ

ワンポイント解説

・自由落下を表す．

$\dfrac{d}{dt}\sin\omega t = \omega\cos\omega t$

$\dfrac{d}{dt}\cos\omega t = -\omega\sin\omega t$

これが成り立つために，角度はラジアンを単位に測らなければならないことに注意．

・加速度は常に内向きで原点からの距離に比例する．

ルタ）を持つ単振動

$$x(t) = C\cos(\omega t + \delta) \tag{1.7}$$

で，初期位相は $\tan\delta = -B/A$ で与えられる．

下図に，$C=1$, $\omega=2\pi$（周期が 1）の場合に，位相 δ を $0, \pi/4, \pi/2, 3\pi/4, \pi$ と変えた場合の振動の位相のずれの様子を示す．

・δ は，$t=0$ での振動の位相で，時間の原点の取り方によって変わる．

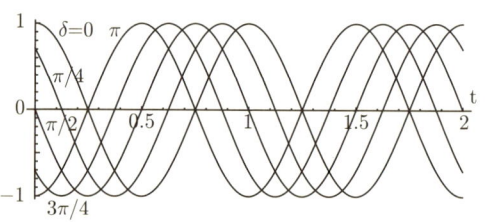

(c) v を微分して加速度，積分して x を求める．

$$a(t) = -v_0\eta e^{-\eta t} \tag{1.8}$$

$$\begin{aligned} x(t) &= x_0 + \int_0^t v_0 e^{-\eta t'} dt' \\ &= x_0 - \frac{v_0}{\eta}(e^{-\eta t} - 1). \end{aligned} \tag{1.9}$$

・η はギリシャ文字で「イータ」と読む．

・e^x の微分は e^x. e は自然対数の底で $e = 2.71828\ldots$（無理数）

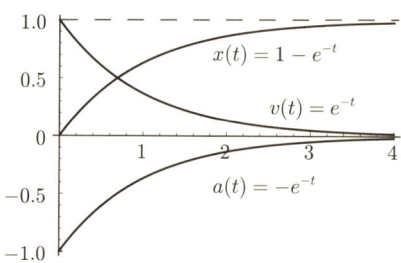

初期値を $x_0 = 0$, $v_0 = 1$ ととり，$\eta = 1$ の場合の運動の様子を上図に示す．$t \to \infty$ では，速度と加速度は 0 に近づき，$x(t) \to x_0 + v_0/\eta$ へ漸近的に近づく．

(d) 式 (1.1), (1.2) を用いて,

$$v(t) = bt + \frac{1}{2}ct^2 \qquad (1.10)$$

$$x(t) = \frac{1}{2}bt^2 + \frac{1}{6}ct^3. \qquad (1.11)$$

・初期条件として $v(0)=0$, $x(0)=0$ を代入する.

例題 1 の発展問題

1-1. $x(t) = A\left(bt + e^{-bt}\right)$ に対して, v と a を求めよ.

1-2. $a(t) = a_0 e^{-\lambda t}$ の場合に, 初期条件を $x(0) = x_0$, $v(0) = v_0$ として, v と x を求めよ.

例題 2　微分方程式

(a) 位置と速度が $v(t) = -\lambda x(t)$ を満たす運動の一般解を求めよ．
(b) $v(t) = -\lambda x(t) + b$ を満たす $x(t)$ を求めよ．
(c) $a(t) = \lambda^2 x(t)$ の一般解を求めよ．一般解にはいくつの不定な定数があるか？
(d) (c) の解で $x(0) = x_0$, $v(0) = 0$ を満たす解を求めよ．
(e) (a) における λ はどのような次元と単位を持つか．

考え方

v あるいは a が x などを含む関係式で与えられる場合には，単に積分するだけでは運動を求めることができない．このような関係式は微分方程式とよばれ，その形に応じて解き方を工夫する必要がある．予想される関数形を代入して解を求めることもある．また，一般解は不定な定数（積分定数とよぶ）を含み，多くの異なる解があるので，初期値などの条件から必要な解を選ぶ必要がある．

力学で扱う微分方程式の多くが線型微分方程式である．これは，各項が，x, $v(t) = x'(t) \equiv \dfrac{dx}{dt}$, あるいは $a(t) = x''(t) \equiv \dfrac{d^2 x}{dt^2}$ を 1 個だけ含む方程式で，一般に，与えられた t の関数 $p(t)$, $q(t)$, $r(t)$ を係数とする

$$p(t)x(t) + q(t)x'(t) + r(t)x''(t) = 0 \tag{1.12}$$

の形に書くことができる．すなわち，$(x(t))^2$ とか $x(t)a(t)$ のような 2 次以上の項がない方程式である．この例題の (a) と (c) の方程式はそのような方程式で，特に斉次線型微分方程式とよばれる．斉次の線型微分方程式では，ある解 $x(t)$ が得られると，その定数倍 $cx(t)$ （c は定数）も同じ方程式を満たす．さらに，一般解は，方程式の階数に応じて，x と v だけを含む線型 1 階微分方程式の場合は 1 個，x, v, a を含む 2 階の微分方程式の場合は 2 個の独立解 $x_1(t)$ と $x_2(t)$ を用いて，$x(t) = c_1 x_1(t) + c_2 x_2(t)$（1 階の場合は 1 項だけ）で与えられる．ここで，$c_{1,2}$ は任意の定数で，微分方程式の積分定数とよばれる．線型微分方程式の独立解，および積分定

数の数は方程式の最高次の微分の階数と一致する．

一方，(b) の方程式のように，線型の項の他に定数あるいは t の関数だけの項 $f(t)$ がある場合には，一般に

$$p(t)x(t) + q(t)x'(t) + r(t)x''(t) = f(t) \tag{1.13}$$

と書かれ，非斉次線型微分方程式とよばれる．この一般解は，式 (1.13) の 1 つの解 $x_特(t)$ （どんな解でもよい，特解とよばれる）および対応する斉次の微分方程式 (1.12) の解を用いて，$x(t) = x_特(t) + c_1 x_1(t) + c_2 x_2(t)$ などと表すことができる．この場合も，独立な解および積分定数は微分方程式の階数だけ存在する．

解答

(a) $\dfrac{dx}{dt} = -\lambda x$ より

$$\int \frac{1}{x}\frac{dx}{dt}\,dt = \int \frac{dx}{x} = -\lambda \int dt. \tag{1.14}$$

この両辺を積分して，

$$\ln x = -\lambda t + c \quad (c\text{ は積分定数}) \tag{1.15}$$

を得る．

したがって，一般解は

$$x(t) = Ce^{-\lambda t} \quad (C = e^c). \tag{1.16}$$

積分定数は x の初期条件，$x(t=0) = C$，から決めることができる．

(b) この方程式の一般解は，特解と (a) の解の組合せで与えられる．もっとも簡単な特解として $\dfrac{dx}{dt} = 0$ を満たす定数解

$$x_特(t) = \frac{b}{\lambda} \tag{1.17}$$

をとるとよい．

ワンポイント解説

・λ はギリシャ文字で「ラムダ」と読む．ln は自然対数 $\log_e$ を表す．

・$C = e^c$ は任意の定数（積分定数）で，初期条件から決める．

・1 階の微分方程式の独立解は 1 つである．

・この形は非斉次の線型微分方程式とよばれる．一般解は特解（解であればなんでもよい）と斉次方程式（$b=0$ の方程式）の一般解の和で与えられる．

一般解は, $b=0$ とした斉次の方程式の一般解, 式 (1.16) と足し合わせて,

$$x(t) = \frac{b}{\lambda} + Ce^{-\lambda t} \tag{1.18}$$

で与えられる.

(c) 指数関数の微分から, この方程式を満たす 2 つの独立な解として, $e^{\lambda t}$ および $e^{-\lambda t}$ が得られる. 2 階の線型微分方程式の解は独立な 2 個の解の線形結合で与えられるので, 一般解は

$$x(t) = Ae^{\lambda t} + Be^{-\lambda t} \tag{1.19}$$

となる. 一般解は積分定数, A と B, 含み, これらは初期条件から決める必要がある.

・力学, 波動, 量子力学などで頻出する 2 階線型微分方程式の一般解は 2 個の独立な解の線形結合で与えられる.

(d) 式 (1.19) より,

$$x(0) = A + B, \quad v(0) = (A-B)\lambda$$

となるので, 初期条件から,

$$A = B, \quad A + B = 2A = x_0 \tag{1.20}$$

となる. したがって,

$$\begin{aligned} x(t) &= \frac{x_0}{2}\left(e^{\lambda t} + e^{-\lambda t}\right) \\ &= x_0 \cosh \lambda t. \end{aligned} \tag{1.21}$$

(e) 運動方程式の両辺の次元が同じになるためには, λx が v の次元を持たなければならない. したがって, λ の次元は $\mathrm{LT}^{-1}/\mathrm{L} = \mathrm{T}^{-1}$. λ の単位は 1/s. λt は無次元量で単位がつかない.

・積分定数 A と B を決めるには, 2 個の初期条件が必要である.

・cosh は双曲余弦関数.

・指数関数や三角関数の引数は全体として無次元でなければならない.

例題2の発展問題

2-1. 半減期 T の放射性物質の量を $R(t)$ で表すと，微分方程式 $\dfrac{dR(t)}{dt} = -\lambda R(t)$ を満たす．ここで，λ は正の定数である．$R(t=0) = R_0$ を初期条件とする解を求め，半減期 T と λ の関係を求めよ．

2-2. $a(t) = -\omega^2 x(t)$ の一般解を求めよ．個別の解を決めるにはいくつの初期条件が必要か？

2-3. 加速度が

$$a = \begin{cases} -\alpha & x > 0 \\ \alpha & x < 0 \end{cases} \qquad (\alpha > 0) \tag{1.22}$$

であるとする．初期条件 $x(0) = 0$, $v(0) = v_0 > 0$ で始まる運動について，$x(t)$ と $v(t)$ を求めよ．

例題 3 2次元および3次元運動

(a) 3次元位置ベクトル $\boldsymbol{r} = (A\cos\omega t, B\sin\omega t, 0)$ (A, B, ω は定数) で表される運動の軌道を図示せよ．この運動が $\boldsymbol{a} = -\omega^2 \boldsymbol{r}$ を満たすことを示せ．

(b) $\boldsymbol{a} = (0, 0, g)$ を満たす運動で，初期条件が $\boldsymbol{r}(t=0) = (x_0, y_0, z_0)$，$\boldsymbol{v}(0) = (v_{0x}, v_{0y}, v_{0z})$ で与えられる解を求めよ．

(c) 次の式で表される運動を図示し，速度および加速度を求めよ．
$$\boldsymbol{r}(t) = (A\cos\omega t, A\sin\omega t, Bt). \tag{1.23}$$

考え方

平面上（2次元）あるいは立体的（3次元）な運動は位置 $\boldsymbol{r} = (x, y, z)$，速度 $\boldsymbol{v} = (v_x, v_y, v_z)$，加速度 $\boldsymbol{a} = (a_x, a_y, a_z)$ のようにベクトルを用いて表す．空間に固定されたデカルト座標系で考えれば，それぞれの成分について独立に微分して位置から速度，加速度を求めたり，加速度から速度や位置を求めることができる．すなわち，

$$x(t) \longrightarrow v_x = \frac{dx}{dt} \longrightarrow a_x = \frac{d^2 x}{dt^2} \tag{1.24}$$

および，y, z についての同様の関係式を用いる．

運動が描く軌道の方程式は，時間変数 t を消去して得られる x, y, z の関数となる．たとえば，$x(t) = A\cos\omega t$, $y(t) = A\sin\omega t$，であれば，$x^2 + y^2 = A^2$ を満たすから，半径 A の円軌道であることがわかる．

‖解答‖

(a) xy ($z=0$) 平面上での楕円軌道を描く．

$$\left(\frac{x}{A}\right)^2 + \left(\frac{y}{B}\right)^2 = 1. \tag{1.25}$$

A は長軸，B は短軸とよばれる．$A=B$ ならば円軌道である．

ワンポイント解説

・軌道は x, y から t を消去して得られる．

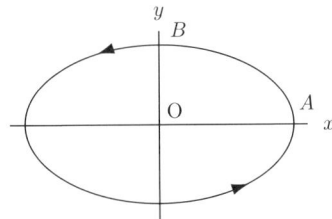

速度と加速度はそれぞれの成分を時間で微分して得られる.

$$\boldsymbol{v} = (-A\omega \sin\omega t, B\omega \cos\omega t, 0)$$
$$\boldsymbol{a} = (-A\omega^2 \cos\omega t, -B\omega^2 \sin\omega t, 0) \tag{1.26}$$

となる. $\boldsymbol{r}$ と比べることにより, $\boldsymbol{a} = -\omega^2 \boldsymbol{r}$ が成り立つことがわかる.

(b) $a_x = a_y = 0$ より,

$$v_x = v_{0x}, \qquad v_y = v_{0y}$$
$$x = x_0 + v_{0x}t, \quad y = y_0 + v_{0y}t. \tag{1.27}$$

z 方向は $a_z = g$ を積分して

$$v_z = v_{0z} + gt$$
$$z = z_0 + v_{0z}t + \frac{1}{2}gt^2. \tag{1.28}$$

(c) xy 方向の運動は $x^2 + y^2 = A^2$ を満たす円運動となる. 速度と加速度は

$$v_x = -A\omega \sin\omega t, \quad v_y = A\omega \cos\omega t$$
$$a_x = -A\omega^2 \cos\omega t, \quad a_y = -A\omega^2 \sin\omega t. \tag{1.29}$$

z 方向には等速度で運動する

・各成分を独立に積分し, 初期条件を適用する.

$$v_z = B, \quad a_z = 0. \tag{1.30}$$

これは z 軸のまわりの半径 A の回転運動と z 方向の等速運動を重ね合わせた，らせん運動を表す．

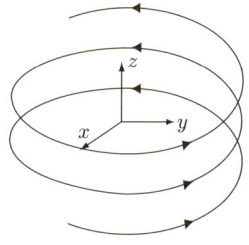

> らせん運動は定磁場中での荷電粒子の運動などに見られる．
> ・xy 平面内で回転しながら，z 軸の方向へ等速で進んでいく．

例題3の発展問題

3-1. $\boldsymbol{r}(t) = (A\cos\omega t, A\sin\omega t, -gt^2/2)$ はどんな運動を表すか．

3-2. 例題3(c) で，らせんの回転の向きが逆の運動はどのように表されるか．

3-3. xy 平面上の運動

$$x(t) = A\cos\omega t \tag{1.31}$$

$$y(t) = A\cos(\omega t + \delta) \tag{1.32}$$

で初期位相がそれぞれ $\delta = 0, \dfrac{\pi}{4}, \dfrac{\pi}{2}, \pi, \dfrac{3\pi}{2}$ の場合の運動の軌跡を求めよ．

重要度
★★★★★

2 ニュートンの法則

―――《 内容のまとめ 》―――

1章で取り扱った様々な運動を，その粒子に働く力と結びつけることにより，力学が完成する．ニュートンは物体に力が働くと，その物体の質量 m に反比例する加速度が生じることを見いだした．物体に働く力を知ることで，加速度を通じて（積分することにより）その物体の運動を求めることが力学の基本的な問題である．

力学の基本となる原理は，ニュートンによって3つの法則として表されている．このうち，第一法則と第二法則が質点の運動を記述する．質点とは質量 m の点状の粒子のことである（第三法則は後述）．

1. ニュートンの第一法則: 質点に外力が加わらないとき，質点は等速直線運動をする．静止している場合は，その状態を保つ．
2. ニュートンの第二法則: 質点に外力 $\boldsymbol{F}$ を加えると，質点には加速度

$$\boldsymbol{a} = \frac{\boldsymbol{F}}{m} \tag{2.1}$$

が加わる．m は力の種類によらない，質点に固有の定数で慣性質量とよばれる．

ニュートンの第一法則は，慣性の法則とよばれる．外力が加わらない孤立した粒子が等速直線運動をするように見える座標系である慣性座標系（あるいは慣性系）の存在を主張していると見ることができる．慣性系が1つ存在すれば，その座標系に対して等速度で運動する座標系もすべて慣性系となる．これを，ガリレイ変換に対する運動方程式の不変性とよぶ．

第二法則は，$\boldsymbol{F} = m\boldsymbol{a}$ の形で知られ，質点に外力が加わったとき，それに

比例した加速度が力と同じ向きに働くことを示す．力が質点の位置や速度に依存する場合には，第二法則は加速度と速度，位置の関係式を与える．これを一般に運動方程式とよぶ．速度，加速度を位置の微分で置き換えると，運動方程式は微分方程式となり，その解を求めることにより，質点の運動の様子が明らかになる．

この運動法則のように2つの物理量を関係づける式においては，両辺の物理量の次元，あるいは単位が一致していなければ意味がない．たとえ，質量，長さ，時間などの基本単位の取り方を変えても，両辺の関係が元と同じく保たれることが必要である．ニュートンの第二法則では，左辺の力は右辺と同じ次元 MLT^{-2} を持たなければならない．したがって，力の単位は $\mathrm{kg \cdot m/s^2}$ となるが，この組合せを N（ニュートン）とよぶ．

例題 4 減衰振動

バネ定数 k の軽いバネに接続した質量 m のおもりが水平面上で振動する．おもりは水平面から摩擦力 $\boldsymbol{F} = -\beta \boldsymbol{v}$ を受けるものとする．初期状態として，バネの伸びが A で速度 0 の状態から振動を始め，摩擦が働いて徐々に減衰する振動解を求めよう．

(a) 運動方程式を求めよ．
(b) これを解いて，一般解を求めよ．
(c) 積分定数を初期条件から決定する式を求めよ．

考え方

この運動は 1 次元運動なので，もっとも簡単な座標系として，バネの自然長からの伸びを x とする座標をとる．加わる力がバネの伸びと速度に依存するので，運動方程式は x を未知関数とする 2 階の微分方程式となる．解き方の手順は

1. ニュートンの第二法則を用いて加速度 a を x と v で表す運動方程式を求め，v と a を x の時間微分で書き換えると $x(t)$ を未知関数とする微分方程式が得られる．
2. この微分方程式は 2 階斉次線型微分方程式である．これを解く方法はいろいろあるが，ここでは，減衰振動解になることを想定して，角振動数 ω で振動する振幅が時間と共に減衰する関数形を仮定して解を求める方法（定数変化法）を使う．
3. 求めた一般解には 2 個の積分定数がある．初期条件を満たすようにこれらの定数を決める．

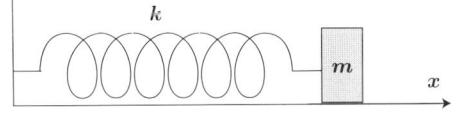

‖解答‖

(a) おもりに働く力は
$$F = -kx - \beta v \tag{2.2}$$
で与えられるから、運動方程式は
$$m\frac{d^2x}{dt^2} = -kx - \beta\frac{dx}{dt}. \tag{2.3}$$
簡単のため $\omega_0^2 \equiv \dfrac{k}{m},\ \gamma \equiv \dfrac{\beta}{2m}$ と定義して整理すると、
$$\frac{d^2x}{dt^2} + 2\gamma\frac{dx}{dt} + \omega_0^2 x = 0. \tag{2.4}$$

(b) 式 (2.4) を解くために、解の形を
$$x(t) = A(t)\cos(\omega t + \delta) \tag{2.5}$$
と仮定しよう。この解は、$t=0$ で位相 δ を持ち、角振動数 ω の振動の振幅 A が時間とともに変化することを表す。

$x(t)$ の時間微分
$$\begin{aligned} x'(t) &= A'\cos(\omega t + \delta) \\ &\quad - A\omega\sin(\omega t + \delta) \end{aligned} \tag{2.6}$$
$$\begin{aligned} x''(t) &= A''\cos(\omega t + \delta) - 2A'\omega\sin(\omega t + \delta) \\ &\quad - A\omega^2\cos(\omega t + \delta) \end{aligned} \tag{2.7}$$

を式 (2.4) に代入して、$\sin$ と $\cos$ の項の係数がそれぞれ 0 になるための条件を求めると
$$A'' - A\omega^2 + 2\gamma A' + \omega_0^2 A = 0 \tag{2.8}$$
$$-2A'\omega - 2\gamma A\omega = 0. \tag{2.9}$$

式 (2.9) から $A' = -\gamma A$ すなわち

ワンポイント解説

・$x(t)$ を未知関数とする 2 階線型微分方程式を求める。

・$\equiv$ は左辺を右辺で定義するときに用いる。

・ここでは、振幅が次第に減少する振動が解であると予想して解く方法を採用する。一般的な解法は例題 6 で扱う。

$$A(t) = A_0 e^{-\gamma t} \qquad (2.10)$$

が得られる．これを式 (2.8) に代入すると

$$(\gamma^2 - \omega^2 - 2\gamma^2 + \omega_0^2)A_0 = 0 \qquad (2.11)$$

となり，$A_0 \neq 0$ でこれが成り立つには，

$$\omega = \sqrt{\omega_0^2 - \gamma^2} \qquad (2.12)$$

でなくてはならない．すなわち，一般解は

$$x(t) = A_0\, e^{-\gamma t} \cos(\sqrt{\omega_0^2 - \gamma^2}\, t + \delta) \qquad (2.13)$$

となり，2 個の積分定数 (A_0 と δ) を含む．

(c) 初期条件から

$$x(0) = A_0 \cos\delta = A, \qquad (2.14)$$
$$x'(0) = -\gamma A_0 \cos\delta - A_0 \omega \sin\delta = 0 \qquad (2.15)$$

でなければならない．したがって，

$$\tan\delta = -\gamma/\omega \qquad (2.16)$$
$$A_0 = A/\cos\delta \qquad (2.17)$$

を満たす δ と A_0 が解となる．式 (2.16) から δ を求めて，式 (2.17) で A_0 を決めることができる．

　下図に $A_0 = 1, \omega_0 = 2\pi, \gamma = 0.3, \delta = 0$ の場合の減衰振動の様子を示す．波線は $\pm e^{-\gamma t}$ を表す．

・式 (2.5) の解が存在するには $\omega_0 > \gamma$ でなければならないことがわかる．γ が大きい場合は，振動せずに減衰する解になる．(発展問題 7-2 参照)

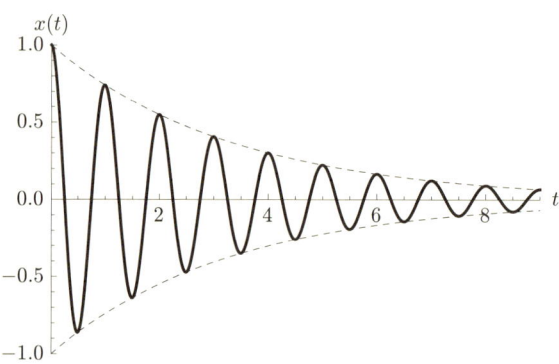

例題 4 の発展問題

4-1. 例題 4 の定数, β および γ の次元を求め, γt が無次元であることを示せ.

4-2. 例題 4 において, 大きさが一定の摩擦力が働く場合には, おもりはどのような運動をするか.

例題 5 抵抗のある物体の投てき運動

y 軸を鉛直上方にとった座標系で，x-y 平面内の物体の重力による 2 次元運動を考える．ただし，空気抵抗 $\boldsymbol{F} = -\beta\boldsymbol{v}$ が働くとする．原点から初速度 $\boldsymbol{v}_0 = (v_{0x}, v_{0y})$ で質量 m の物体を斜め上方へ投げ上げる．

(a) 速度 $\boldsymbol{v}$ を未知関数とする運動方程式を書いて，その解を求めよ．
(b) 物体の最高到達点での速度を求めよ．
(c) この運動で到達できる x の範囲に上限があることを示し，その値を求めよ．

考え方

解き方の手順は

1. 運動方程式は加速度と力の関係を等式の形に表す．
2. 加速度が $\boldsymbol{v}$ の時間微分であることを用いて運動方程式を $\boldsymbol{v}$ を未知関数とする微分方程式として表す．
3. この微分方程式は，v_x と v_y について独立な 2 本の方程式なので，それぞれを解く．
4. 速度の各成分をそれぞれ積分して時刻 t での位置を求める．$t \to \infty$ とすると x の上限値が得られる．

解答

(a) 力は $\boldsymbol{F} = (-\beta v_x, -mg - \beta v_y)$ で与えられるから，運動方程式は

$$\beta v_x = ma_x \tag{2.18}$$

$$-mg - \beta v_y = ma_y. \tag{2.19}$$

したがって，

$$a_x = \frac{dv_x}{dt} = -\frac{\beta}{m}v_x \tag{2.20}$$

$$a_y = \frac{dv_y}{dt} = -g - \frac{\beta}{m}v_y. \tag{2.21}$$

ワンポイント解説

・通常 (x, y) を未知関数とする 2 階の微分方程式を解くが，この問題では力が x, y に依存しないので，$\boldsymbol{v}$ の方程式とするのがよい．

簡単のため，$\gamma \equiv \dfrac{\beta}{m}$ とおくと，

$$\dfrac{dv_x}{dt} = -\gamma v_x \longrightarrow \int \dfrac{dv_x}{v_x} = -\int \gamma\, dt$$

$$\dfrac{dv_y}{dt} = -\gamma \left(v_y + \dfrac{g}{\gamma}\right)$$

$$\longrightarrow \int \dfrac{dv_y}{v_y + (g/\gamma)} = -\int \gamma\, dt. \qquad (2.22)$$

式 (2.22) を $t = (0, t)$ で積分して，両辺を指数関数 e^f に代入すると

$$\ln \dfrac{v_x(t)}{v_x(0)} = -\gamma t \longrightarrow \dfrac{v_x(t)}{v_x(0)} = e^{-\gamma t}$$

$$\ln \dfrac{v_y + g/\gamma}{v_y(0) + g/\gamma} = -\gamma t$$

$$\longrightarrow \dfrac{v_y + g/\gamma}{v_y(0) + g/\gamma} = e^{-\gamma t}. \qquad (2.23)$$

初期条件を代入して整理すると

$$\boldsymbol{v} = \left(v_{0x} e^{-\gamma t},\, v_{0y} e^{-\gamma t} - \dfrac{g}{\gamma}(1 - e^{-\gamma t})\right). \tag{2.24}$$

(b) 最高到達点は $v_y = 0$ となる点なので，

$$\left(v_{0y} + \dfrac{g}{\gamma}\right) e^{-\gamma t} = \dfrac{g}{\gamma} \qquad (2.25)$$

を満たす．このとき，

$$v_x = v_{0x} e^{-\gamma t} = \dfrac{v_{0x}(g/\gamma)}{v_{0y} + g/\gamma}. \qquad (2.26)$$

(c) 物体の位置は $\boldsymbol{v}$ を時間について積分して

・初期値が $t = 0$ で与えられているときは，時間積分を $t = (0, t)$ の範囲で定積分すると，積分定数が自動的に決まる．

・最高到達点では，y 方向の速度は 0．

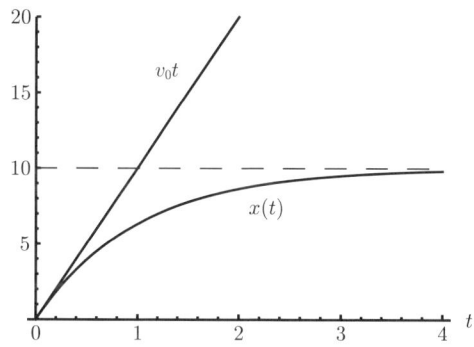

$$x(t) = \int_0^t v_{0x} e^{-\gamma t}\, dt = \frac{v_{0x}}{\gamma}(1 - e^{-\gamma t})$$
$$y(t) = \frac{1}{\gamma}\left(v_{0y} + \frac{g}{\gamma}\right)(1 - e^{-\gamma t}) - \left(\frac{g}{\gamma}\right)t. \tag{2.27}$$

$t \to \infty$ の極限をとると，x 方向の上限

$$x(t \to \infty) = \frac{v_{0x}}{\gamma} \tag{2.28}$$

が得られる．一方，y は時間がたてば，どんどん負の方向に大きくなる．

上図に，$v_{0x} = 10$, $\gamma = 1$ の場合の $x(t)$ を図示した．$\gamma = 0$ の場合には $x(t) = v_{0x}t$ と増大するが，空気抵抗のために x 方向の速度が減少して，x も一定値に近づく．

・時間が十分たつと $e^{-\gamma t} \to 0$ となる．

例題 5 の発展問題

5-1. 例題 5 の式 (2.21) は v_y についての非斉次 1 階線型微分方程式である．この方程式の特解を求め，斉次方程式の一般解と組み合わせてこれを解け．

5-2. 例題 5 と同じ設定で，質量 m の物体を鉛直下方へ自由落下させる．十分長い時間がたった後の物体の速度を求めよ．

5-3. 水平距離が L, 高さが h の標的に向けて, 地上から弾を発射する. 空気抵抗は無視できるものとする.
   (a) 命中させるために初速 v_0 が満たすべき条件と, 必要な水平角 θ を求めよ.
   (b) 解が2つある場合のそれぞれの軌道はどのようなものか.

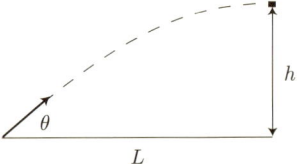

例題 6　定数係数の斉次線型 2 階微分方程式の一般解

この例題では，定数係数の斉次線型 2 階微分方程式の一般的な解き方を学ぶ．未知関数を $x(t)$ とし，その 1 階および 2 階微分を $x'(t)$, $x''(t)$ で表す．

(a) 斉次線型 2 階微分方程式 $ax'' + bx' + cx = 0$ の係数 a, b, c が定数の場合には，関数形 $x(t) = e^{ft}$ の解がある．f が満たす方程式，およびその解を求めよ．

(b) f の解が 2 実根 f_1, f_2 である場合に，一般解を求めよ．

(c) f の解が重根 f である場合に，$x = te^{ft}$ が微分方程式の解であることを示し，一般解を求めよ．

(d) f の解が複素数 $f = f_0 \pm i\omega$ である場合には，2 つの独立解が $x(t) = e^{f_0 t}\cos\omega t$ と $e^{f_0 t}\sin\omega t$ であることを示せ．

考え方

関数形を微分方程式へ代入し，t にかかわらず成り立つように係数の関係式を求める．線型 2 階微分方程式は一般に 2 個の独立な解 $x_1(t)$, $x_2(t)$ を持つ．斉次方程式の場合には，解の定数倍も同じく解となるので，一般解は 2 つの独立解に定数係数をかけて和をとった，線形結合 $x(t) = Ax_1(t) + Bx_2(t)$（A, B は定数）で与えられる．

解答

(a) $x' = fx$, $x'' = f^2 x$ より，2 次方程式

$$af^2 + bf + c = 0 \tag{2.29}$$

を満たす f が解を与える．解は $D \equiv b^2 - 4ac$ とおくと，

$$f = (-b \pm \sqrt{D})/(2a). \tag{2.30}$$

ワンポイント解説

(b) 一般解は
$$x(t) = Ae^{f_1 t} + Be^{f_2 t} \qquad (2.31)$$
で，A, B は積分定数となる．

(c) 重根の場合は，(b) の方法では解が作れない．そこで，解の候補として $x = te^{ft}$ を代入すると，
$$[(2af + b) + (af^2 + bf + c)t]e^{ft} = 0. \qquad (2.32)$$
したがって，すべての t で微分方程式が満たされるように定数を決める条件は
$$af^2 + bf + c = 0 \qquad (2.33)$$
$$2af + b = 0. \qquad (2.34)$$
式 (2.29) の重根は $D = 0$ で $f = -b/(2a)$ を満たすから，いずれの条件も満たされることがわかる．一般解は
$$x = (A + Bt)e^{ft} \qquad (2.35)$$
で与えられる．

(d) 同じく微分方程式に代入すると，必要な条件は
$$2f_0 a + b = 0 \qquad (2.36)$$
$$af_0^2 + bf_0 + c - a\omega^2 = 0. \qquad (2.37)$$
式 (2.29) の複素数根は
$$f_0 = -b/(2a) \qquad (2.38)$$
$$\omega = \sqrt{-D}/(2a) \qquad (2.39)$$
で与えられ，これらの条件を満たす．

オイラーの公式 $e^{iz} = \cos z + i\sin z$ を用いると，

・斉次線型2階微分方程式の一般解は2つの独立解の線形結合．

・$\cos$ 項と $\sin$ 項それぞれの係数が 0 でなければならない．

・指数法則 $e^{a+b} = e^a e^b$ を用いて，実部と虚部を分ける．

f が複素数の場合には

$$e^{(f_0 \pm i\omega)t} = e^{f_0 t}(\cos\omega t \pm i\sin\omega t) \tag{2.40}$$

が解となる．この解の実部と虚部が独立な解となる．

例題 6 の発展問題

6-1. 地表からの高さ z の関数として $g(z) = g_0 - \lambda^2 z$ と変化する重力加速度のもとでの運動を考える．

(a) 地上から速度 v_0 で鉛直上向きに打ち上げた質点が，地上に落下するまでにかかる時間を求めよ．初速が $v_0 \geq (g_0/\lambda)$ となるとどうなるか．

(b) 高さ h ($h < h_0 \equiv \dfrac{g_0}{\lambda^2}$ とする) で静止している質量 m の物体が落下して，地表に到達したときの速度を求めよ．

例題 7　バネの強制振動

例題 4 と同じ設定で，バネ定数 k のバネに接続した質量 m の質点の x 方向の振動を考える．摩擦力 $F_{摩擦} = -2m\gamma v$ の他に，質点に x 方向の外力

$$F_{外力} = F_0 \cos \Omega t = \Re(F_0 e^{i\Omega t}) \tag{2.41}$$

を加える．ここで，$\Re$ は複素数の実部を表す．$\omega_0 > \gamma$ とする．

(a) 運動方程式の $x(t) = \Re(A e^{i\Omega t})$ の形の特解を求めよ．
(b) 一般解を求めよ．
(c) $t \to \infty$ での解は，初期条件によらないことを示せ．

考え方

右辺に x やその微分に依存しない振動項があるため，非斉次の微分方程式となっている．非斉次線型微分方程式の一般解は，（任意の）特解 $x_{特}(t)$ と斉次方程式の一般解 $x_{斉次}(t)$ の和で表される．積分定数は斉次方程式の解に含まれるので，これを初期条件を用いて決める．非斉次項があるので，特解に任意の係数を付けることはできないことに注意しよう．

$$\boxed{\text{非斉次線型微分方程式の一般解}} = \boxed{\text{特解}} + \boxed{\text{斉次方程式の一般解}}$$

運動方程式は

$$x'' + 2\gamma x' + \omega_0^2 x = f \cos \Omega t \qquad f \equiv \frac{F_0}{m} \tag{2.42}$$

となるが，この問題の場合，前の例題で導入したオイラーの公式を用いて，運動方程式を複素数表示して，実際の解はその実部であるとすることで解が容易に求まる．すなわち，複素数の変数 $x(t)$ が満たす運動方程式を

$$x'' + 2\gamma x' + \omega_0^2 x = f e^{i\Omega t} \tag{2.43}$$

として，複素数解を求め，その実部を運動方程式の解とする．このように，複素数の変数を導入して，実部（あるいは虚部でもよい）を実際の解

とする解法は，解の線形結合がまた解となる性質を用いているので，線型微分方程式に対してでなければ用いることができない．

‖解答‖

(a) 複素数運動方程式 (2.43) に，特解の形
$x_{特}(t) = Ae^{i\Omega t}$ を代入すると，

$$(-\Omega^2 + 2i\gamma\Omega + \omega_0^2)Ae^{i\Omega t} = fe^{i\Omega t} \quad (2.44)$$

となるので，これがすべての t で成り立つためには，

$$\begin{aligned} A &= \frac{f}{\omega_0^2 - \Omega^2 + 2i\gamma\Omega} \\ &= f\frac{(\omega_0^2 - \Omega^2) - 2i\gamma\Omega}{(\omega_0^2 - \Omega^2)^2 + (2\gamma\Omega)^2}. \end{aligned} \quad (2.45)$$

これを用いて，$x_{特}(t)$ の実部を求めると

$$\begin{aligned} \Re(x_{特}(t)) &= \frac{f}{(\omega_0^2 - \Omega^2)^2 + (2\gamma\Omega)^2} \\ &\quad \times \left[(\omega_0^2 - \Omega^2)\cos\Omega t + 2\gamma\Omega\sin\Omega t\right]. \end{aligned}$$
$$(2.46)$$

(b) 斉次方程式の一般解を $x_{斉次}(t) = Be^{\alpha t}$ と仮定して，方程式に代入すると，

$$(\alpha^2 + 2\gamma\alpha + \omega_0^2)Be^{\alpha t} = 0 \quad \text{より}$$
$$\alpha = -\gamma \pm i\sqrt{\omega_0^2 - \gamma^2} \quad (2.47)$$

となるので，一般解は，$\omega \equiv \sqrt{\omega_0^2 - \gamma^2}$ として，

$$x_{斉次}(t) = Be^{-\gamma t}e^{i\omega t}. \quad (2.48)$$

B は任意の複素数で，絶対値と偏角が 2 つの積分定数，振動の振幅と初期位相に対応する．

ワンポイント解説

・この解の性質については，発展問題 7-1 を参照．

・式 (2.43) の右辺を 0 にすると，対応する斉次方程式が得られる．

したがって，式 (2.43) の一般解は特解と斉次方程式の一般解の和で

$$x(t) = Ae^{i\Omega t} + Be^{-\gamma t}e^{i\omega t} \qquad (2.49)$$

となる．ここで，A は式 (2.45) で与える．

(c) $t \to \infty$ とすると，式 (2.49) の第 2 項は 0 へ近づくので，解は特解に一致する．特解は，積分定数を含まないので，初期条件によらない．

例題 7 の発展問題

7-1. (a) 複素数の振幅を絶対値と偏角を用いて $A = |A|e^{i\delta}$ と表すと，$x(t) = \Re Ae^{i\Omega t}$ で表される単振動の振幅が $|A|$，初期位相が偏角 δ となることを示せ．

(b) 式 (2.46) で表される解の振幅は，$\Omega = \omega_0$ で最大値をとることを示せ．この現象は共鳴とよばれる．

7-2. 例題 4 で (a) $\omega_0 = \gamma$ および，(b) $\omega_0 < \gamma$ の場合の一般解を求めよ．

例題 8　力積と運動量の変化

(a) ニュートンの運動方程式を時間で積分することにより，質点に加わる力積

$$\boldsymbol{P} \equiv \int \boldsymbol{F} dt \tag{2.50}$$

が，その間の質点の運動量の変化に等しいことを示せ．

(b) 質量 m の質点が長さ a の弦で中心につながれていて，水平面上で摩擦なく等速回転運動をしている．角速度を ω とする．弦の張力の大きさを求めよ．

(c) 質点が半周（180°回転）する間に弦の張力が質点に与える力積を求めよ．

(d) 同じ間の質点の運動量の変化を求めよ．力積と運動量が同じ次元を持つことを確かめよ．

考え方

力積は，力の各成分を時間で積分した量で，ある時間にかかった力の総和に相当する量である．次の章で扱う仕事とは異なり，ベクトル量であることに注意する．力積のそれぞれの成分は，対応する力の成分の積分となる．

$$P_x = \int F_x dt, \quad P_y = \int F_y dt, \quad \dots \tag{2.51}$$

この問題のように，座標の指定がない場合には，解きやすいように座標を設定する．この場合，回転は xy 平面上で行うとし，$t = 0$ で x 軸上の $(a, 0)$ 点から出発して，反時計回りに半周することを想定すればよい．円運動の向心力は常に中心向きであり，半周する間の向心力の総和は y 軸の負の向きの成分だけが残る．

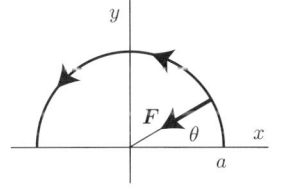

解答

(a) ニュートンの法則

$$\boldsymbol{F} = m\boldsymbol{a} = m\frac{d\boldsymbol{v}}{dt} \quad (2.52)$$

の両辺を時間で積分すると

$$\int_{t_i}^{t_f} \boldsymbol{F} dt = m \int_{t_i}^{t_f} \frac{d\boldsymbol{v}}{dt} dt$$
$$= m[\boldsymbol{v}(t_f) - \boldsymbol{v}(t_i)] \quad (2.53)$$

を得る．すなわち

$$\boldsymbol{P} = \boldsymbol{p}(t_f) - \boldsymbol{p}(t_i) = \Delta \boldsymbol{p}. \quad (2.54)$$

(b) 例題 3 (a) から，加速度 $\boldsymbol{a} = -\omega^2 \boldsymbol{r}$ だから，弦が質点に及ぼす力（向心力）の大きさは

$$F = m\omega^2 a. \quad (2.55)$$

(c) 「考え方」で与えた座標系をとる．質点の位置の x 軸からの角度を ωt とすると，向心力の x 成分は

$$F_x = -ma\omega^2 \cos \omega t. \quad (2.56)$$

これを $t=0$ から周期の半分 $t = \dfrac{\pi}{\omega}$ まで積分すると

$$P_x = \int_0^{\pi/\omega} F_x dt = -ma\omega^2 \int_0^{\pi/\omega} \cos \omega t \, dt$$
$$= -ma\omega(\sin \pi - \sin 0) = 0. \quad (2.57)$$

同じく，y 成分は

$$F_y = -ma\omega^2 \sin \omega t \quad (2.58)$$

ワンポイント解説

・各成分を独立に積分する．

・等速円運動の加速度は常に円の中心向きである．

・x 成分は $\theta = \pi/2$ の右側と左側とで同じ大きさで逆向きの力が加わるので，積分すると打ち消しあって 0 となる．

$$P_y = -ma\omega^2 \int_0^{\pi/\omega} \sin\omega t\, dt$$
$$= ma\omega(\cos\pi - \cos 0) = -2ma\omega. \quad (2.59)$$

すなわち，力積は $\bm{P} = (0, -2ma\omega)$ となる．

(d) 質点の回転の速さは $v = a\omega$ なので，運動量は $t = 0$, $t = \pi/\omega$ で

$$\bm{p}(0) = (0, ma\omega), \quad (2.60)$$
$$\bm{p}(\pi/\omega) = (0, -ma\omega). \quad (2.61)$$

したがって，運動量の変化は

$$\Delta\bm{p} = (0, -2ma\omega) \quad (2.62)$$

となって，この間に働いた力積と一致する．

力積の次元は MLT^{-1} で運動量と一致することは明らかである．

・y 成分は常に下向きなので，それらが足しあわされて，全力積も y 軸の負方向に向く．ここでは半周だけを考えたが，1 周して元に戻ると，y 成分も打ち消しあって 0 となり，全力積は 0．対応して運動量の変化も 0 となる．

例題 8 の発展問題

8-1. ボールが固い壁にぶつかって跳ね返る場合には瞬間的に強い力が働く．このような力を一般に撃力とよぶ．ボールが壁に角度 θ でぶつかって，運動エネルギーを失わずに弾性的に跳ね返るとき，壁がボールに与える撃力の力積を求めよ．

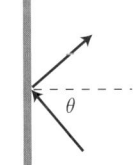

8-2. バネ定数 k のバネの一端が壁に固定されていて，摩擦のない水平面上に置かれている．他端に質量 m の物体をおいて，バネを自然長から A だけ縮めて，静止した状態から解放した．

(a) バネの伸びを時間の関数として求めよ．

(b) バネの伸びが自然長になるまでに，バネが物体に与える力積を求めよ．

(c) バネが自然長になったときの物体の運動量を求めよ．

例題 9　連成振動

3本のバネでつながれた2個の質点の運動を考える．図のようにばね定数 k_1 のバネが両側にあり，ばね定数 k_2 のバネが中間にある2個の質量 m の質点が直線上を振動する．すべてのバネが自然の長さのときに $x_1 = x_2 = 0$ となるように調節がしてあるものとせよ．

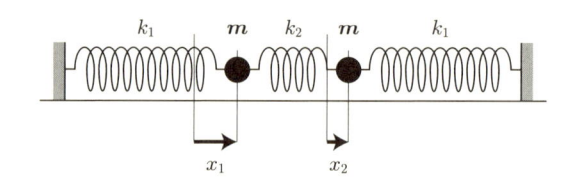

(a) 運動方程式を書け．
(b) 一般解を求めよ．
(c) 時刻 $t = 0$ で，$x_1 = a, x_2 = 0$ で，かつ2質点が静止しているような解を求めよ．$k_1 \gg k_2$ のときには，どのような振動をするかを考えてみよう．

考え方

2つの質点のそれぞれの運動方程式を書いて，変数のうまい線形結合をとることにより，一般解を求めることができる．このように2つの振動が組み合わさって起こる運動を連成振動とよぶ．特に k_2 が小さくて，1と2の結合が弱い場合には，1の振動が2の振動を誘起し，またそれが2から1へ戻るという特有の振動パターンを見せる．

力学では時間微分を他の微分として区別するために，しばしば時間微分を $\dot{x}$，時間についての2階微分を $\ddot{x}$ などで表す．ここからはこの定義を用いる．

解答

(a) バネ k_2 の伸びは $x_2 - x_1$ でバネ k_2 によって媒介される力は作用と反作用の関係で，質点1と2で同じ大きさで向きが逆である．したがって，

$$m\ddot{x}_1 = -k_1 x_1 + k_2(x_2 - x_1) \tag{2.63}$$

$$m\ddot{x}_2 = -k_1 x_2 - k_2(x_2 - x_1). \tag{2.64}$$

(b) 2式の和と差をそれぞれとると，

$$m(\ddot{x}_1 + \ddot{x}_2) = -k_1(x_1 + x_2) \tag{2.65}$$

$$m(\ddot{x}_1 - \ddot{x}_2) = -k_1(x_1 - x_2) + 2k_2(x_2 - x_1) \tag{2.66}$$

と書けて，それぞれ，$x_1 \pm x_2$ だけの方程式になる．これはすぐに解けるので，一般解は

$$\omega = -\sqrt{\frac{k_1}{m}} \tag{2.67}$$

$$\omega' = -\sqrt{\frac{k_1 + 2k_2}{m}} \tag{2.68}$$

とおいて

$$x_1 + x_2 = A_+ \sin \omega t + B_+ \cos \omega t \tag{2.69}$$

$$x_1 - x_2 = A_- \sin \omega' t + B_- \cos \omega' t. \tag{2.70}$$

(c) 初期条件は

$$x_1 + x_2 = a, \quad x_1 - x_2 = a$$
$$\dot{x}_1 = \dot{x}_2 = 0 \tag{2.71}$$

であるから，

$$A_+ = A_- = 0$$
$$B_+ = B_- = a \tag{2.72}$$

を得る．すなわち，

$$x_1 = \frac{a}{2}(\cos \omega t + \cos \omega' t) \tag{2.73}$$

・この場合は，質量が等しく，両側のばね定数が等しいので，簡単に和と差をとれば変数が分離する．一般の場合には 2 行 2 列の行列の固有値問題を解く必要がある．

・変数が x_1 と x_2 の 2 個あるので，4 つの初期条件が必要となる

$$x_2 = \frac{a}{2}(\cos\omega t - \cos\omega' t) \qquad (2.74)$$

が解である．

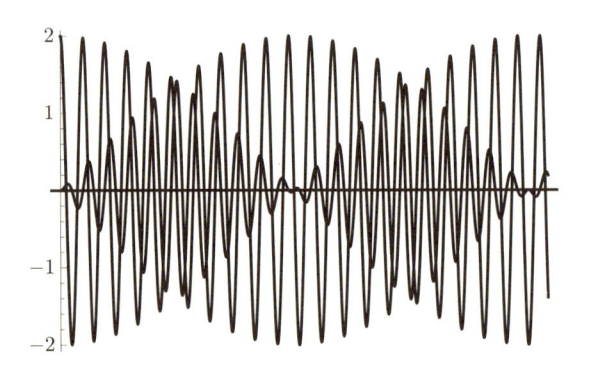

$k_2 \ll k_1$ で 2 つの振動の間の結合が弱い場合には，ω と ω' の差が小さい．解を

$$x_1 = a\cos\frac{(\omega-\omega')t}{2}\cos\frac{(\omega+\omega')t}{2} \qquad (2.75)$$

$$x_2 = -a\sin\frac{(\omega-\omega')t}{2}\sin\frac{(\omega+\omega')t}{2} \qquad (2.76)$$

→ 速い振動の振幅が遅い振動で変化する振幅変動がうなりの現象である．

と書き直すと，角振動数 $\omega+\omega'$ の速い振動と角振動数 $\omega-\omega'$ の遅い振動が組み合わさったうなりの現象を示している．これらの独立な振動を固有振動とよぶ．うなりの周期が x_1 と x_2 とで半周期ずれているため，x_1 が振動しているときは x_2 の振幅が小さく，x_2 が大きき振動し始めると，x_1 の振幅が小さくなる．上図は $k_2/k_1 = 1/20$ の場合の振動の様子を示した．

例題 9 の発展問題

9-1. 上の例題で，逆に $k_2 \gg k_1$ のときはどのような運動になるかを考えてみよう．速く振動するのはどの部分か，遅い振動はどのような振動か．

重要度
★★★★

3 仕事とエネルギー

―《 内容のまとめ 》―

　静止した物体に力を加えると加速度が生じて運動を始める．物体が運動している状態がエネルギーを持つことは，流れ落ちる水を使って発電ができることをみればわかる．質点の運動が持つエネルギーは運動エネルギー $\frac{1}{2}mv^2$ である．働いた力がどのようにエネルギーに変わるかを与えるのが，仕事とエネルギーの関係である．

　1次元運動の場合に，ニュートンの法則から仕事とエネルギーの関係を導いてみよう．第二法則

$$m\frac{d^2x}{dt^2} = m\frac{dv}{dt} = F$$

の両辺に v をかけて時間 $(0,t)$ の区間で積分する．運動エネルギーを $T = \frac{1}{2}mv^2$ と定義すると，

$$（左辺） = m\int_0^t v\frac{dv}{dt}dt = \frac{m}{2}(v^2(t) - v^2(0)) = T(t) - T(0) \tag{3.1}$$

$$（右辺） = \int_0^t Fv\,dt = W \text{（外力が物体に与えた仕事）} \tag{3.2}$$

を得る．すなわち，

　　　　（外力が物体に与えた仕事）＝（物体の運動エネルギーの変化）

であることがわかる．これを**仕事とエネルギーの関係**とよぶ．符号も重要である．外力が与えた仕事が正であれば，運動エネルギーが増加する．逆に負の仕事が加わると，運動エネルギーの変化も負，すなわち運動エネルギーが減少す

る．

微小時間 Δt 間に外力がする仕事は，その間の力が一定であると仮定すると

$$\Delta W = F\frac{\Delta x}{\Delta t}\Delta t = F\Delta x$$

と表される．すなわち，仕事はある瞬間に働く外力と移動した微小距離の積の和（積分）で与えられることがわかる．実際，微小時間の仕事 ΔW の和をとると，元の積分が得られる．

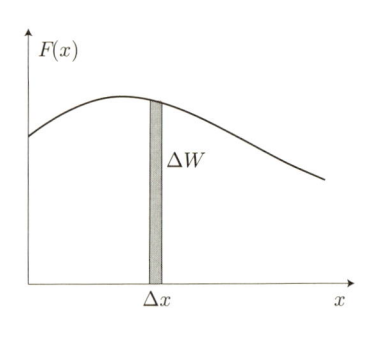

$$W = \sum_i \Delta W_i = \sum_i F_i v_i \Delta t \stackrel{\Delta t \to 0}{\Longrightarrow} W = \int Fv\, dt.$$

外力 F が座標 x だけの関数の場合は，運動の始点を $x(t=0) = x_0$，終点を $x(t) = x$ とすると，

$$W = \int_0^t F(x)\frac{dx}{dt}dt = \int_{x(0)}^{x(t)} F(x)dx = -U(x) + U(x_0) \tag{3.3}$$

と表せる．ここで，$U(x)$ は力 F に対応する位置エネルギーとよばれ，

$$U(x) \equiv -\int_{x_0}^{x} F(x')dx' \tag{3.4}$$

で定義する．積分の始点 x_0 を変えると位置エネルギーは定数だけ変化するが，2 点間の位置エネルギーの差は始点の取り方にはよらない．したがって，積分の始点を任意にとることとし，位置エネルギーは物体の位置だけで決まる関数と見なされる．このように，位置エネルギーを用いて表すことができる力を保存力とよぶ．

逆に位置エネルギーが与えられると，

$$\frac{dU}{dx} = -F(x) \tag{3.5}$$

より力は $F = -U'(x)$ で与えられる．微分により定数項は消えるので，始点の取り方による差は力には現れない．

仕事とエネルギーの関係は，運動エネルギーと位置エネルギーの和が変化しない保存量であることを示している．すなわち，

$$E \equiv \frac{1}{2}mv^2 + U(x) = \frac{1}{2}mv_0^2 + U(x_0) = （一定） \tag{3.6}$$

となり，力学的エネルギー $E = T + U$ は運動の間，一定値をとる．外力が2種類以上ある場合にも，それぞれの力による仕事を位置エネルギーとして表すことができれば，位置エネルギーの和を用いて，同様に力学的エネルギーの保存が成り立つ．

仕事は力に距離をかけて与えられるので，仕事を表す単位は J（ジュール）= N·m = Kg·m^2/s^2 となることがわかる．エネルギーと仕事の関係から，エネルギーの単位も J である．

例題10　摩擦力による仕事

(a) 水平面上で直線運動する質量 m の物体が，面から進行方向逆向きで一定の大きさの摩擦力 F を受ける．初速を v_0 とするとき，この物体が静止するまでに摩擦力から受ける仕事を求めよ．

(b) 摩擦のある斜面を物体が滑り落ちる．斜面の傾きを θ, 物体の質量を m, 摩擦係数を μ とし，物体が初速 0 で滑り出して，長さ L（高さ $h = L\sin\theta$）だけ滑り落ちるまでの間に，重力，摩擦力がそれぞれ物体に与えた仕事を求め，それらを用いて運動後の物体の速度を求めよ．

考え方

いずれも 1 次元運動なので，運動方向に座標 x をとる．仕事は F の x 積分で与えられる．摩擦力は一定だから，静止するまでに物体が運動する距離 L を求めると，摩擦力が与えた仕事は $W = -FL$ である．運動方向と力の向きが逆なので，摩擦力が与える仕事が負であることに注意する．物体の運動エネルギーは摩擦力による負の仕事によって減少する．

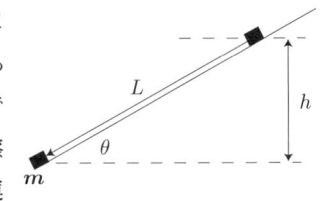

物体が斜面から受ける摩擦力は，摩擦係数 μ と物体が斜面から受ける垂直抗力 $N = mg\cos\theta$ を用いて，

$$F_{摩擦} = \mu N = \mu mg\cos\theta \tag{3.7}$$

で，常に運動と逆向きに働く．

解答

(a) 運動は加速度が $\dfrac{F}{m}$ の等加速度運動である．平面上の移動距離を x, 速度を v で表すと，

ワンポイント解説

・力が一定なので，力の方向に移動する距離を求めて仕事を計算する．

$$v(t) = v_0 - \frac{F}{m}t \tag{3.8}$$

$$x(t) = v_0 t - \frac{F}{2m}t^2 \tag{3.9}$$

であるから，静止するのは時刻

$$t = \frac{mv_0}{F} \tag{3.10}$$

で，移動する距離は

$$L = x\left(t = \frac{mv_0}{F}\right) = \frac{mv_0^2}{2F} \tag{3.11}$$

である．その間に摩擦力が与える仕事は，

$$W = -FL = -\frac{mv_0^2}{2} \tag{3.12}$$

となり，物体の最初の運動エネルギーに等しい．

(b) 斜面に沿った力の成分は，

$$F_{重力} = mg\sin\theta \tag{3.13}$$

$$F_{摩擦} = \mu mg\cos\theta \tag{3.14}$$

である．したがって，それぞれの力が与える仕事は

$$W_{重力} = \int_0^L F_{重力} dx = mg\sin\theta L = mgh \tag{3.15}$$

$$\begin{aligned} W_{摩擦} &= \int_0^L F_{摩擦} dx = -\mu mg\cos\theta \frac{h}{\sin\theta}. \\ &= -mgh\,\mu\cot\theta \end{aligned} \tag{3.16}$$

仕事とエネルギーの関係から，運動後の物体の運動エネルギーは

・物体の移動方向である斜面に沿った力の成分だけを考える．

・摩擦力は運動と逆向きに働くので，与える仕事は常に負である．

・初速 0 なので，運動前の運動エネルギーは 0．

$$\frac{1}{2}mv^2 = W_{重力} + W_{摩擦} = mgh(1 - \mu \cot\theta). \tag{3.17}$$

したがって，高さ h だけ滑り落ちたときの速度は斜面下向きで

$$v = \sqrt{2gh(1 - \mu \cot\theta)}. \tag{3.18}$$

例題 10 の発展問題

10-1. 質量 m の物体を垂直上方へ初速 v_0 で投げ上げると，時間 T 後に最高到達点に達した．物体は空気抵抗 βv を受けるものとする．
   (a) T を求めよ．
   (b) $v_0 = \dfrac{mg}{\beta}$ の場合に，時刻 0 と T の間に重力と空気抵抗が物体に与える仕事をそれぞれ計算せよ．

10-2. 運動エネルギーが仕事と同じ単位，$\mathrm{J = N \cdot m}$ で表されることを確かめよ．

10-3. 例題 4 の減衰振動では，系の力学的エネルギーが保存しないことを示せ．振動の 1 周期 $T = \dfrac{2\pi}{\omega}$ の間に力学的エネルギーがどれだけ減少するかを求めよ．

10-4. 下図のように，摩擦（摩擦係数 μ）のある水平面上に置かれた質量 m のおもりに，質量 M ($M > m$) の物体がひもでつながれていて，初速 0 で物体が落下を始めるとする．物体が高さ h だけ落下したときの速度を求めよ．

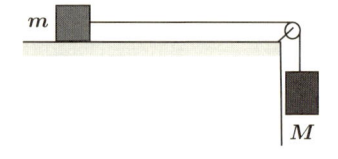

例題 11　保存力による運動

(a) バネ定数 k のバネにつながれた質点の位置エネルギーをバネの伸び x の関数として求めよ．

(b) 質量 m の質点が位置エネルギー $U(x) = K(x^2-a^2)^2$ （K, a は正の定数）で与えられた力を受けて行う 1 次元運動を考える．質点の位置 x にあるときに加わる力を求めよ．

(c) (b) の場合に，時刻 $t=0$ の質点の位置を $x_0 (>a)$ で速度を 0 とする．この運動の力学的エネルギーを求め，その後の質点の運動の範囲を求めよ．

(d) 同じく，質点の位置 x での質点の速さ，および速さが最大になる点を求めよ．

考え方

質点にかかる力が位置エネルギーで表される保存力のみの場合には，力学的エネルギーが保存し一定となる．(b) で与えた位置エネルギーは，$x=0$ で極大，$x=\pm a$ で最小値となる 2 つの谷を持つ．初期位置 x_0 が $a < x_0 < \sqrt{2}a$ の場合は $x>0$ の谷の中で往復する運動となり，$x_0 > \sqrt{2}a$ では $x=0$ を中心に x の正負の谷を行き来する運動を与える．

解答

(a) バネの力 $-kx$ を適当な始点 x_0 から終点 x まで積分して

$$\int_{x_0}^{x} F dx = -\frac{1}{2}kx^2 + \frac{1}{2}kx_0^2 \qquad (3.19)$$

対応する位置エネルギーは

$$U(x) = \frac{1}{2}kx^2. \qquad (3.20)$$

ここでは，$x=0$ での位置エネルギーを 0 ととった．

ワンポイント解説

- バネの伸び x が 0 のときの位置エネルギーを 0 となるように定数をとる．
- 仕事の積分の符号を逆にすると位置エネルギーとなる．

(b) 力は位置エネルギーを微分して，
$$F = -\frac{dU}{dx} = -4Kx(x^2 - a^2) \quad (3.21)$$
となり，$x = 0, \pm a$ で力が 0 となることがわかる.

(c) $E = \frac{1}{2}mv^2 + U(x)$ の初期値は
$$E = 0 + U(x_0) = K(x_0^2 - a^2)^2. \quad (3.22)$$
このエネルギーは運動の間，一定値をとる．運動の範囲は，
$$E - U(x) = \frac{1}{2}mv^2 \geq 0 \quad (3.23)$$
を満たす区間である.

・力学的エネルギーは運動エネルギーと位置エネルギーの和.

下図に $a = 2$，$K = 1$ とした位置エネルギーの様子を示す.

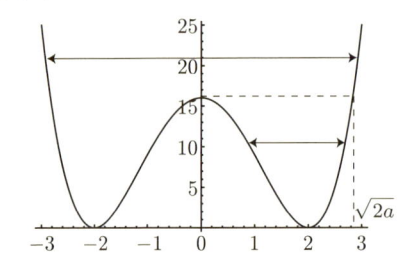

$x = 0$ で $U(0) = Ka^4$ なので，$x_0 > a$ で始まった運動が $x = 0$ を超えて $x < 0$ の領域に到るためには，$E > Ka^4$ でなければならない．すなわち，

$$(x_0^2 - a^2)^2 - a^4 > 0 \quad \longrightarrow \quad x_0^2 > 2a^2$$

を満たせば運動は $x = 0$ を超えて進み，$x = -x_0$ まで進んで折り返し，$-x_0 \leq x \leq x_0$ の範囲で往復運動を続ける．

→ 運動の領域は，$E - U(x)$ が正の領域で，折り返し点は $E = U(x)$ の解となる．

一方，$x_0 < \sqrt{2}a$ の場合 には，
$$x = \sqrt{2a^2 - x_0^2} \tag{3.24}$$
で折り返し，領域
$$\sqrt{2a^2 - x_0^2} \leq x \leq x_0 \tag{3.25}$$
での往復運動を行う．

・折り返し点は $x^2 - a^2 = a^2 - x_0^2$ を満たす．

(d) 力学的エネルギーの保存を用いると，点 x での運動エネルギーから，
$$v^2 = \frac{2}{m}(E - U(x)) \tag{3.26}$$
で与えられることがわかる．すなわち，
$$v = \pm\sqrt{\frac{2K}{m}[(x_0^2 - a^2)^2 - (x^2 - a^2)^2]}. \tag{3.27}$$

最大値は $x = \pm a$ で
$$v = \pm\sqrt{\frac{2K}{m}}(x_0^2 - a^2). \tag{3.28}$$

・力学的エネルギーの保存から v^2 が決まる．v の符号（向き）は決まらず，往路と復路で逆向きである．

例題 11 の発展問題

11-1. 粗い平面上を運動する物体に働く一定の大きさの摩擦力を，位置エネルギーとして表せないのはなぜか．

11-2. 質量 m の質点が，位置エネルギーが $U(x) = \frac{1}{2}kx^2$ で与えられる力のもとで運動している．

(a) 質点が x にあるときの速さを，質点の力学的エネルギー E の関数として求めよ．

(b) この運動の一般解を x についての微分方程式を解くことにより求めよ．

11-3. 位置エネルギーが

$$U(x) = \frac{a}{x^2} - \frac{b}{x} \tag{3.29}$$

で与えられるとする．適当な単位系をとって，$a = 2, b = 1$ としたとしよう．

(a) この位置エネルギーが最小値をとる x の値を求めよ．

(b) 質点が $x = 6$ で静止状態から運動を始めるとする．この質点の運動範囲を求めよ．

(c) 質点が $x = 2$ で静止状態から運動を始めると，この質点はその後どのような運動をするか．

例題 12　3 次元運動の仕事と位置エネルギー

3 次元運動の場合にも仕事とエネルギーの関係，位置エネルギーの定義が同様にできることを示そう．

(a) 3 次元空間内で運動する質点 m の運動方程式を用いて，仕事とエネルギーの関係を求めよ．

(b) 力が座標のみの関数で，さらに仕事の積分が運動の経路によらない場合には，位置エネルギーを定義できて，力学的エネルギーの保存則を満足することを示せ．

(c) 質点に働く力が常に質点の運動方向と垂直な運動では，$\bm{v}$ の大きさが一定であることを示せ．

考え方

ニュートンの運動方程式の両辺と速度 $\bm{v}$ の内積をとると

$$m\bm{v} \cdot \frac{d\bm{v}}{dt} = \bm{F} \cdot \bm{v}. \tag{3.30}$$

ここで，$\bm{a} \cdot \bm{b} = a_x b_x + a_y b_y + a_z b_z$ はベクトル $\bm{a}$ と $\bm{b}$ の内積を表す．
両辺を t で積分すると

$$\frac{1}{2} m \int \frac{d\bm{v}^2}{dt} dt = \int \bm{F} \cdot \bm{v}\, dt = W. \tag{3.31}$$

右辺は力 $\bm{F}$ による仕事である．

　力が座標 $\bm{r}$ のみの関数の場合には，仕事は $\bm{F}$ の線積分（経路積分）

$$W = \int \bm{F} \cdot \frac{d\bm{r}}{dt} dt = \int \bm{F} \cdot d\bm{r} \tag{3.32}$$

で表される．
経路積分は，微小部分の和の極限として，

$$\int \bm{F} \cdot d\bm{r} = \lim_{\Delta \bm{r}_i \to 0} \sum_i \bm{F}_i \cdot \Delta \bm{r}_i \tag{3.33}$$

と定義する．この積分は，時間にはよらず，質点の経路とその経路での外力だけで決まる．$\bm{F}_i$ と

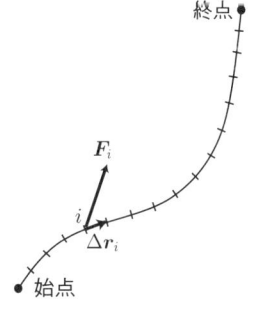

$\Delta \bm{r}_i$ の内積は外力が積分経路に垂直な向きの場合は 0 となるので,

経路に垂直に働く力は仕事を与えない

仕事の積分が経路の取り方によらない場合 には,始点 A から終点 B までの経路が適当に決めた原点 O を通るようにとって,仕事の積分を A から O,O から B の積分の和で表すことができる.

位置エネルギーは原点 O からの(任意の)経路による仕事の積分を逆符号にして得られる.経路に沿った積分は,逆向きに積分すると,$\Delta \bm{r}_i \to -\Delta \bm{r}_i$ となるので,符号が逆転することに注意しよう.

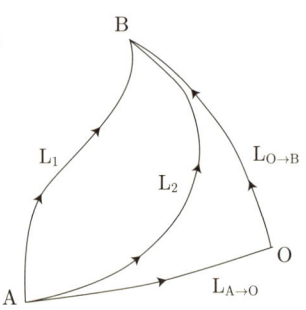

解答

(a) 考え方で示した通り,

$$\frac{1}{2}m\int \frac{d\bm{v}^2}{dt}dt = \int \bm{F}\cdot\bm{v}\,dt$$
$$\longrightarrow \frac{1}{2}m\bm{v}^2(t) - \frac{1}{2}m\bm{v}^2(0) = \int_0^t \bm{F}\cdot\bm{v}\,dt = W.$$
(3.34)

すなわち $T(t) - T(0) = W$ の関係が成り立つ.

(b) 力が座標の関数で,かつ仕事が運動の経路(道筋)によらない場合,仕事は

$$W = \int_0^t \bm{F}\cdot\frac{d\bm{r}}{dt}\,dt = \int_{\bm{r}(0)=\bm{r}_0}^{\bm{r}(t)=\bm{r}} \bm{F}\cdot d\bm{r}.$$
(3.35)

原点 O を通る積分経路を選んで

ワンポイント解説

・$\bm{v}^2 = v_x^2 + v_y^2 + v_z^2$ の時間微分は右辺を微分すると

$$\frac{d\bm{v}^2}{dt} = 2\bm{v}\cdot\frac{d\bm{v}}{dt}$$

であることがわかる.

$$U(\boldsymbol{r}) = -\int_O^{\boldsymbol{r}} \boldsymbol{F} \cdot d\boldsymbol{r} \qquad (3.36)$$

を位置エネルギーと定義すると

$$\int_{\boldsymbol{r}_A}^{\boldsymbol{r}_B} \boldsymbol{F} \cdot d\boldsymbol{r} = \int_{\boldsymbol{r}_A}^O \boldsymbol{F} \cdot d\boldsymbol{r} + \int_O^{\boldsymbol{r}_B} \boldsymbol{F} \cdot d\boldsymbol{r}$$
$$= U(\boldsymbol{r}_A) - U(\boldsymbol{r}_B). \qquad (3.37)$$

・経路に沿った経路積分は, 経路を逆向きに積分すると, 内積の符号が逆になるので, 元の線積分と逆符号となる.

したがって, (a) の結果と組み合わせて, 力学的エネルギーの保存則が得られる.

$$\frac{1}{2}m\boldsymbol{v}^2 + U(\boldsymbol{r}) = \frac{1}{2}m\boldsymbol{v}_0^2 + U(\boldsymbol{r}_0). \qquad (3.38)$$

(c) 加速度 $\boldsymbol{a} = \dfrac{d\boldsymbol{v}}{dt}$ が, $\boldsymbol{v}$ と直交するので,

$$\boldsymbol{v} \cdot \frac{d\boldsymbol{v}}{dt} = \frac{1}{2}\frac{d\boldsymbol{v}^2}{dt} = 0. \qquad (3.39)$$

したがって, $\boldsymbol{v}^2$ は一定. たとえば, なめらかな平面上を滑る物体にかかる垂直抗力は物体の運動方向と垂直に働くので, 常に内積 $\boldsymbol{F} \cdot \Delta \boldsymbol{r} = 0$ で与える仕事が 0 となり, 運動エネルギーを変えない.

まとめ

位置座標だけに依存する力が与える仕事が<u>積分経路</u>によらない場合に, その力は<u>保存力</u>とよばれる. 保存力は次の性質を持つ. 1 次元運動の場合には, 力が位置座標だけの関数であれば保存力である.

1. 適当にとった原点から (任意の) 経路に沿って積分した仕事の逆符号を, 経路の終点での位置エネルギーと定義すると, 保存力は位置エネルギーで表される. 位置エネルギーは位置座標だけの関数である.
2. 次の例題で見るように, 保存力は位置エネルギーの微分により与えられる.
3. 質点に働く力が保存力だけの場合には, 質点の運動エネルギーと位置エネルギーの総和である力学的エネルギーが保存する.

例題 12 の発展問題

12-1. 原点からの距離を $r = \sqrt{x^2 + y^2 + z^2}$ とする．電荷に原点から外向きのクーロン力（斥力）

$$F = \frac{K}{r^2} \qquad \left(K = \frac{qQ}{4\pi\epsilon_0} \text{ は定数}\right) \tag{3.40}$$

が働いているとせよ．電荷が原点から距離 a の点から外向きに原点からの距離 b $(a < b)$ に移動する間に，この力が質点に及ぼす仕事を計算せよ．

12-2. (a) 振り子の運動において，重力が質点に与える仕事を，下図の経路 L_1 に沿って積分した値は，質点を L_2 に沿った移動した場合に重力が与える仕事と等しいことを示せ．

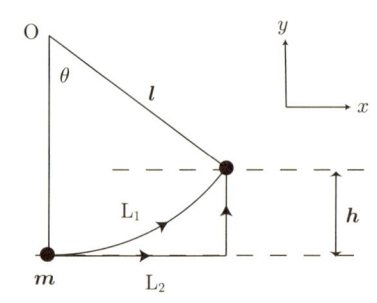

(b) 振り子の運動経路 L_1 において，糸の張力が質点に与える仕事を求めよ．

12-3. xy 平面上の力 F が座標のみの関数で

$$F_x = -k\frac{y}{r^2}, \qquad F_y = k\frac{x}{r^2} \tag{3.41}$$

(k は定数，$r^2 = x^2 + y^2$) で与えられるとせよ．

(a) この力が次のそれぞれの経路上でする仕事 W を求めよ．

L_1: 半径 R の円弧上を反時計回りに $(x, y) = (R, 0) \to (-R/2, \sqrt{3}R/2)$ と進む経路

L_2: 半径 R の円弧上を時計回りに $(R, 0) \to (-R/2, -\sqrt{3}R/2)$ と進み，続けて線分 $(-R/2, -\sqrt{3}R/2) \to (-R/2, \sqrt{3}R/2)$ 上を

進む経路
　L$_3$: 半径 R の円周を反時計回りに一周する閉じた経路
(b) この力が保存力ではないのはなぜか．

例題 13　位置エネルギーと力の関係

(a) 質点に対する位置エネルギーが
$$U(x,y,z) = -fz \quad (f \text{は定数})$$
で与えられるとする．質点に加わる力を座標の関数として求めよ．

(b) 位置エネルギーが $U(x,y,z) = -\dfrac{k}{r}$ で与えられる場合の力 $\boldsymbol{F}$ を求めよ．ここで，$r = \sqrt{x^2+y^2+z^2}$，k は定数．

(c) $U(x,y,z) = K \ln \dfrac{r}{a}$ で与えられる場合の力を求めよ．K, a は定数．

考え方

仕事は積分する経路に依存しないので，積分路の最後の部分を一定の方向に微小だけ変化させることにより，その方向の力の成分だけを取り出すことができる．すなわち，位置エネルギーを特定の座標の成分で微分することにより，力の対応する成分が得られる．

たとえば，終点を x 方向に Δx 変位させた場合に，位置エネルギーの変化は

$$\Delta U = U(x+\Delta x, y, z) - U(x,y,z)$$
$$= -F_x \Delta x$$

で与えられる．$\Delta x \to 0$ の極限をとると

$$\lim_{\Delta x \to 0} \frac{\Delta U}{\Delta x} = \frac{\partial U}{\partial x} = -F_x.$$

ここで，$\dfrac{\partial U}{\partial x}$ は，$U(x,y,z)$ を y, z を固定して x だけで微分することを表し，偏微分とよぶ．

したがって，

$$F_x = -\frac{\partial U}{\partial x}, \quad F_y = -\frac{\partial U}{\partial y}, \quad F_z = -\frac{\partial U}{\partial z}$$
$$\boldsymbol{F}(\boldsymbol{r}) = \left(-\frac{\partial U}{\partial x}, -\frac{\partial U}{\partial y}, -\frac{\partial U}{\partial z}\right) = -\boldsymbol{\nabla} U. \tag{3.42}$$

U を (x,y,z) それぞれで偏微分してできるベクトル，

$$\nabla U(x,y,z) = \left(\frac{\partial U}{\partial x}, \frac{\partial U}{\partial y}, \frac{\partial U}{\partial z}\right) \qquad (3.43)$$

は U の勾配 (gradient),記号 ∇ はナブラ (nabla) とよばれる.

‖解答‖

(a) U は x,y には依存しないので,$\boldsymbol{F}$ の x,y 成分は 0 である.z 成分は

$$F_z = -\frac{\partial U}{\partial z} = f. \qquad (3.44)$$

したがって,

$$\boldsymbol{F} = f\boldsymbol{e}_z \qquad (3.45)$$

となる.ここで,$\boldsymbol{e}_z = (0,0,1)$ は z 方向の単位ベクトルを表す.

(b) U が r だけの関数なので,まず U を r で微分して,次に r を x,y,z で微分する.$r = \sqrt{x^2+y^2+z^2}$ を x で偏微分すると,

$$\frac{\partial r}{\partial x} = \frac{x}{r} \qquad (3.46)$$

となるので,

$$-\frac{\partial U(r)}{\partial x} = -\frac{dU(r)}{dr}\frac{\partial r}{\partial x} = -\frac{k}{r^2}\frac{x}{r} = -\frac{kx}{r^3}. \qquad (3.47)$$

y,z についても同様にして,

$$\boldsymbol{F}(\boldsymbol{r}) = \left(-\frac{kx}{r^3}, -\frac{ky}{r^3}, -\frac{kz}{r^3}\right)$$

$$= -k\frac{1}{r^2}\boldsymbol{e}_r \qquad (3.48)$$

を得る.$\boldsymbol{e}_r$ は $\boldsymbol{r}$ 方向の単位ベクトルを表す.

ワンポイント解説

・$f = qE$ とすれば,z 方向の定電場中に置かれた電荷に働く力に対応する.

・偏微分は複数の変数の関数をそのうちの 1 つだけで微分する.他の変数は定数と見なす.

・質点による万有引力や点電荷のクーロン力の場合である.

(c) 同じく

$$-\frac{\partial U(r)}{\partial x} = -K\frac{x}{r}\frac{1}{r} = -K\frac{x}{r^2} \quad \text{より}$$

$$\boldsymbol{F}(\boldsymbol{r}) = -K\frac{\boldsymbol{r}}{r^2} = -\frac{K}{r}\boldsymbol{e}_r. \tag{3.49}$$

→ 無限に長い直線電荷が作る電場の位置とクーロン力がこの形になる．

例題 13 の発展問題

13-1. 1次元運動をする質点に対する位置エネルギーが

$$U(z) = mg_0 z - \frac{m}{2}\lambda^2 z^2 \tag{3.50}$$

で与えられる場合に，質点に加わる力を求めよ．

重要度
★★★

4 角運動量とトルク

―《 内容のまとめ 》―

太陽のまわりの惑星の運動のように，固定された中心のまわりで周期的な運動をしている質点を扱うような場合には，角運動量という概念が便利となる．角運動量はトルク（力のモーメント）が加わることで変化する．これは質点の運動量が外力が加わると変化するのと類似している．すなわち，運動量 $\bm{p} \equiv m\bm{v}$ の時間変化を表すのがニュートンの運動方程式

$$\frac{d\bm{p}}{dt} = \bm{F} \tag{4.1}$$

であるのに対応して，角運動量 $\bm{L}$ の時間変化はトルク $\bm{N}$ で与えられる．

$$\frac{d\bm{L}}{dt} = \bm{N} \tag{4.2}$$

$\bm{L}$ および $\bm{N}$ は，例題 14 で導入するベクトルの外積を用いて

$$\bm{L} \equiv \bm{r} \times \bm{p} = m\bm{r} \times \bm{v} \tag{4.3}$$

$$\bm{N} \equiv \bm{r} \times \bm{F} \tag{4.4}$$

で定義される．角運動量の単位は，N·m·s（ニュートン・メートル・秒）で，トルクの単位は，N·m（ニュートン・メートル）で与えられる．

まず，例題 14 で，ベクトルの外積（あるいはベクトル積ともよばれる）を学ぶことにしよう．

例題 14 ベクトルの外積

ベクトル $\bm{a} = (a_x, a_y, a_z)$ と $\bm{b} = (b_x, b_y, b_z)$ の外積を

$$\bm{a} \times \bm{b} = (a_y b_z - a_z b_y, a_z b_x - a_x b_z, a_x b_y - a_y b_x) \tag{4.5}$$

で定義する.

(a) $\bm{a} \times \bm{a} = 0$ および $\bm{b} \times \bm{a} = -\bm{a} \times \bm{b}$ であることを示せ.
(b) $\bm{a} \times (k\bm{b} + \ell\bm{c}) = k\bm{a} \times \bm{b} + \ell \bm{a} \times \bm{c}$ を示せ (k, ℓ は定数).
(c) $\bm{b} = k\bm{a}$ の場合,すなわち $\bm{b}//(\pm\bm{a})$ の場合には,$\bm{a} \times \bm{b} = 0$ を示せ.
(d) $\bm{a} \cdot (\bm{a} \times \bm{b}) = 0,\ \bm{b} \cdot (\bm{a} \times \bm{b}) = 0$ を示せ.
(e) $|\bm{a} \times \bm{b}|^2 = |\bm{a}|^2 |\bm{b}|^2 - (\bm{a} \cdot \bm{b})^2 = |\bm{a}|^2 |\bm{b}|^2 \sin^2 \theta$ であることを示せ. ただし,θ は $\bm{a}$ と $\bm{b}$ の挟角(間の角度)で,$\cos\theta = \dfrac{\bm{a} \cdot \bm{b}}{|\bm{a}||\bm{b}|}$ を満たす.

考え方

これらを示すためには,外積の定義をそのまま適用すればよい.ここで,$|\bm{a}| \equiv \sqrt{a_x^2 + a_y^2 + a_z^2}$ はベクトルの絶対値(長さ),$\bm{a} \cdot \bm{b} \equiv a_x b_x + a_y b_y + a_z b_z$ はベクトルの内積を表す.

外積はかけ算の記号 × を用いて表すが,$\bm{a} \times \bm{b}$ と $\bm{b} \times \bm{a}$ が異なることに注意する.すなわち,× の前後のベクトルの入替えに対して反対称である.(c) から同じ向き,あるいは反対向きの 2 つのベクトルの外積は 0 となることがわかる.(d) から $\bm{a} \times \bm{b}$ は $\bm{a}$ および $\bm{b}$ と直交することがわかる.また,(e) では,$\bm{a} \times \bm{b}$ の絶対値が $|\bm{a}||\bm{b}|\sin\theta$ であることがわかる.これは,平行でない 2 つのベクトル,$\bm{a}$ と $\bm{b}$ を辺とする平行四辺形の面積である.

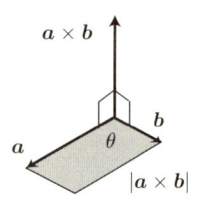

したがって,平行でない 2 つのベクトルの外積は,それぞれを辺とする平行四辺形と垂直なベクトルで,長さは平行四辺形の面積であることがわかる.$\bm{a} \times \bm{b}$ の向きは $\bm{a}$ から $\bm{b}$ へ向かって右ねじを回転してねじの進む向きである.$\bm{b} \times \bm{a}$ は平行四辺形面の逆側向きである.

解答

(a), (b) 各成分について具体的に計算すると明らかに成り立つことがわかる．

(c) $\boldsymbol{a} \times \boldsymbol{b} = k\boldsymbol{a} \times \boldsymbol{a} = 0$.

(d) $\boldsymbol{a} \cdot (\boldsymbol{a} \times \boldsymbol{b}) = a_x(a_y b_z - a_z b_y)$
$\qquad + a_y(a_z b_x - a_x b_z) + a_z(a_x b_y - a_y b_x) = 0$.

(e) 外積の定義から

$$|\boldsymbol{a} \times \boldsymbol{b}|^2 = (a_y b_z - a_z b_y)^2$$
$$+ (a_z b_x - a_x b_z)^2 + (a_x b_y - a_y b_x)^2$$
$$= (a_x^2 + a_y^2 + a_z^2)(b_x^2 + b_y^2 + b_z^2)$$
$$- (a_x b_x + a_y b_y + a_z b_z)^2$$
$$= |\boldsymbol{a}|^2 |\boldsymbol{b}|^2 - (\boldsymbol{a} \cdot \boldsymbol{b})^2. \qquad (4.6)$$

したがって，

$$|\boldsymbol{a} \times \boldsymbol{b}| = |\boldsymbol{a}||\boldsymbol{b}| \sin\theta. \qquad (4.7)$$

これは $\boldsymbol{a}$ と $\boldsymbol{b}$ が作る平行四辺形の面積である．

ワンポイント解説

・平行（反平行）なベクトルの外積は 0．

例題 14 の発展問題

14-1. $\boldsymbol{a} \cdot (\boldsymbol{b} \times \boldsymbol{c}) = \boldsymbol{b} \cdot (\boldsymbol{c} \times \boldsymbol{a}) = \boldsymbol{c} \cdot (\boldsymbol{a} \times \boldsymbol{b})$ を示せ．
14-2. $\boldsymbol{a} \times (\boldsymbol{b} \times \boldsymbol{c}) = (\boldsymbol{a} \cdot \boldsymbol{c})\boldsymbol{b} - (\boldsymbol{a} \cdot \boldsymbol{b})\boldsymbol{c}$ を示せ．
14-3. $(\boldsymbol{u} \times \boldsymbol{b}) \cdot (\boldsymbol{c} \times \boldsymbol{d}) = (\boldsymbol{a} \cdot \boldsymbol{c})(\boldsymbol{b} \cdot \boldsymbol{d}) - (\boldsymbol{a} \cdot \boldsymbol{d})(\boldsymbol{b} \cdot \boldsymbol{c})$ を示せ．

例題 15　極座標と単位ベクトル

この例題では，単位ベクトルとそれを用いた座標系の表し方，xy 平面 ($z=0$) 上の極座標表示を取り上げる．まず，x, y, z 軸方向正向きの長さ 1 のベクトル（単位ベクトル）$\boldsymbol{e}_x = (1,0,0), \boldsymbol{e}_y = (0,1,0), \boldsymbol{e}_z = (0,0,1)$ を定義する．

(a) $\boldsymbol{e}_x \times \boldsymbol{e}_y = \boldsymbol{e}_z, \boldsymbol{e}_y \times \boldsymbol{e}_z = \boldsymbol{e}_x, \boldsymbol{e}_z \times \boldsymbol{e}_x = \boldsymbol{e}_y$ であることを示せ．

次に xy 平面上に位置ベクトル $\boldsymbol{r} = (x, y, z=0) = (r\cos\theta, r\sin\theta, 0)$ が与えられているとし，$\boldsymbol{r}$ 方向の単位ベクトルを $\boldsymbol{e}_r = (\cos\theta, \sin\theta, 0)$ と書くことにする．θ は $\boldsymbol{r}$ が x 軸となす角度である．さらに，これと直交して，θ が増加する方向を向いた単位ベクトル $\boldsymbol{e}_\theta = (-\sin\theta, \cos\theta, 0)$ を定義する．xy 平面上の座標を r と θ を用いて表す座標系を極座標とよぶ．

(b) $\boldsymbol{e}_r \times \boldsymbol{e}_\theta = \boldsymbol{e}_z, \boldsymbol{e}_\theta \times \boldsymbol{e}_z = \boldsymbol{e}_r, \boldsymbol{e}_z \times \boldsymbol{e}_r = \boldsymbol{e}_\theta$ であることを示せ．

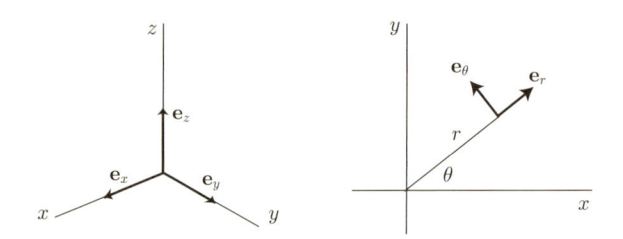

$x-y$ 平面上の運動を時間に依存する位置ベクトル $\boldsymbol{r}(t)$ で表すことにする．極座標で考えると，$\boldsymbol{r}(t) = r(t)\cos\theta(t)\,\boldsymbol{e}_x + r(t)\sin\theta(t)\,\boldsymbol{e}_y = r(t)\,\boldsymbol{e}_r(t)$ と表され，$r(t)$ と $\theta(t)$ がいずれも時間の関数となると共に，θ に依存する $\boldsymbol{e}_r, \boldsymbol{e}_\theta$ も時間の関数となる．

(c) $\dfrac{d\boldsymbol{e}_r}{dt} = \dot{\theta}\,\boldsymbol{e}_\theta$ および $\dfrac{d\boldsymbol{e}_\theta}{dt} = -\dot{\theta}\,\boldsymbol{e}_r$ であることを示せ．ここで，$\dot{\theta} = \dfrac{d\theta}{dt}$ を表す．

(d) $\boldsymbol{v} = \dfrac{d\boldsymbol{r}}{dt} = \dot{r}\,\boldsymbol{e}_r + r\dot{\theta}\,\boldsymbol{e}_\theta$ であることを示せ．$\dot{r} = \dfrac{dr}{dt}$ を表す．

(e) $\boldsymbol{a} = \dfrac{d^2\boldsymbol{r}}{dt^2} = (\ddot{r} - r\dot{\theta}^2)\,\boldsymbol{e}_r + (2\dot{r}\dot{\theta} + r\ddot{\theta})\,\boldsymbol{e}_\theta$ を示せ．$\ddot{r} = \dfrac{d^2r}{dt^2}, \ddot{\theta} = \dfrac{d^2\theta}{dt^2}$ を表す．

考え方

ここで定義した 2 次元平面上の極座標形式では，動径方向単位ベクトル e_r，角度方向単位ベクトル e_θ を用いて，xy 平面上の任意のベクトル a を $a = a_r e_r + a_\theta e_\theta$ と表すことができ，a_r を動径方向成分，a_θ を角度方向成分とよぶ．さらに z 方向の単位ベクトル e_z を加えた 3 次元座標系は円筒座標系とよばれ，2 次元運動や回転運動などの記述に便利である．円筒座標系ではベクトルは $a = (a_r, a_\theta, a_z)$ と成分表示される．

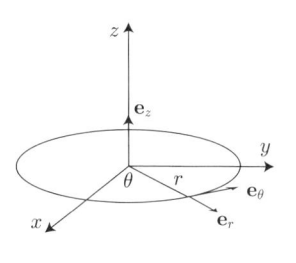

粒子の運動を極座標成分を用いて表す場合には，θ が時間の関数であるため，単位ベクトル e_r, e_θ がそれぞれ時間の関数となることに注意する．(c) で導かれる微分公式を用いて，速度や加速度の動径方向成分と角度方向成分を計算する必要がある．

解答

(a), (b) 各成分について計算して確かめる．

(c) $(e_r)_x = \cos\theta$, $(e_r)_y = \sin\theta$ を用いると

$$\frac{d(e_r)_x}{dt} = -\sin\theta\,\dot\theta$$
$$\frac{d(e_r)_y}{dt} = \cos\theta\,\dot\theta \quad \text{より}$$
$$\frac{de_r}{dt} = (-\sin\theta, \cos\theta, 0)\dot\theta = \dot\theta\, e_\theta. \quad (4.8)$$

同じく

$$\frac{d(e_\theta)_x}{dt} = -\frac{d\sin\theta}{dt} = -\cos\theta\,\dot\theta$$
$$\frac{d(e_\theta)_y}{dt} = \frac{d\cos\theta}{dt} = -\sin\theta\,\dot\theta \quad \text{より}$$
$$\frac{de_\theta}{dt} = -(\cos\theta, \sin\theta, 0)\dot\theta = -\dot\theta\, e_r. \quad (4.9)$$

ワンポイント解説

・$(e_r)_x$ は e_r の x 成分を表す．

・$\dot\theta = \dfrac{d\theta}{dt}$ を表す．力学では，しばしば記号の上に点をうって時間微分を表す．

(d) $\boldsymbol{r} = r\boldsymbol{e}_r$ を用いて
$$\boldsymbol{v} = \frac{d}{dt}(r\boldsymbol{e}_r) = \dot{r}\boldsymbol{e}_r + r\dot{\theta}\boldsymbol{e}_\theta. \tag{4.10}$$

(e) 同じく
$$\begin{aligned}\boldsymbol{a} &= \frac{d}{dt}(\dot{r}\boldsymbol{e}_r + r\dot{\theta}\boldsymbol{e}_\theta) \\ &= \ddot{r}\boldsymbol{e}_r + \dot{r}\dot{\theta}\boldsymbol{e}_\theta + (\dot{r}\dot{\theta} + r\ddot{\theta})\boldsymbol{e}_\theta - r\dot{\theta}^2\boldsymbol{e}_r \\ &= (\ddot{r} - r\dot{\theta}^2)\boldsymbol{e}_r + (2\dot{r}\dot{\theta} + r\ddot{\theta})\boldsymbol{e}_\theta. \end{aligned} \tag{4.11}$$

例題 15 の発展問題

15-1. r が一定 $(r = a)$ の円周上の運動の場合の速度と加速度を θ とその 1 階，2 階微分を用いて表せ．

15-2. $|\boldsymbol{a} \cdot (\boldsymbol{b} \times \boldsymbol{c})|$ は $\boldsymbol{a}, \boldsymbol{b}, \boldsymbol{c}$ を 3 辺とする平行六面体の体積であることを示せ．特に，
$$\begin{aligned}\boldsymbol{e}_z \cdot (\boldsymbol{e}_x \times \boldsymbol{e}_y) &= 1 \\ \boldsymbol{e}_z \cdot (\boldsymbol{e}_r \times \boldsymbol{e}_\theta) &= 1\end{aligned} \tag{4.12}$$
であることを示せ．

15-3. $\boldsymbol{r} = (x, y, z)$ とすると，
$$\boldsymbol{e}_z \times (\boldsymbol{r} \times \boldsymbol{e}_z) = \boldsymbol{r} - \boldsymbol{e}_z(\boldsymbol{r} \cdot \boldsymbol{e}_z) = (x, y, 0) \tag{4.13}$$
であることを示せ．

15-4. 3 次元球面座標系の単位ベクトルを
$$\begin{aligned}\boldsymbol{e}_r &= (\sin\theta\cos\phi, \sin\theta\sin\phi, \cos\theta) \\ \boldsymbol{e}_\theta &= (\cos\theta\cos\phi, \cos\theta\sin\phi, -\sin\theta) \\ \boldsymbol{e}_\phi &= (-\sin\phi, \cos\phi, 0)\end{aligned} \tag{4.14}$$
と定義すると，

$$\begin{aligned} \bm{e}_r \times \bm{e}_\theta &= \bm{e}_\phi \\ \bm{e}_\theta \times \bm{e}_\phi &= \bm{e}_r \\ \bm{e}_\phi \times \bm{e}_r &= \bm{e}_\theta \end{aligned} \tag{4.15}$$

を満たすことを示せ.

例題16　角運動量とトルク

固定された中心 O のまわりでの運動を記述するため，角運動量を定義し，運動方程式から角運動量の時間変化を与える方程式を導く．質量 m の質点の O を原点とする位置座標を r とし，O のまわりの角運動量を $\boldsymbol{L} = m\boldsymbol{r} \times \boldsymbol{v} = \boldsymbol{r} \times \boldsymbol{p}$ と定義する．$\boldsymbol{v}$ は粒子の速度，$\boldsymbol{p}$ は運動量ベクトルである．

(a) 角運動量の時間変化は

$$\frac{d\boldsymbol{L}}{dt} = \boldsymbol{r} \times \boldsymbol{F} \equiv \boldsymbol{N}$$

を満たすことを示せ．右辺の $\boldsymbol{N}$ はトルク（あるいは力のモーメント）とよばれる．

(b) 質点に加わる力 $\boldsymbol{F}$ および質点の運動が xy 平面内にあるとき，$\boldsymbol{N} = N_z \boldsymbol{e}_z$，$\boldsymbol{L} = L_z \boldsymbol{e}_z$ であることを示し，N_z と L_z を $x - y$ 平面上での極座標成分を用いて表せ．

(c) 力 $\boldsymbol{F}$ の作用線が常に原点 O を通る直線上にある場合，この力を中心力とよぶ．そのうち，原点 O に向かう力は中心引力，反対向きの力は中心斥力である．質点に中心力が及ぼすトルクが 0 であることを示せ．

(d) 逆に，生じるトルクが 0 であるような力は中心力であることを示せ．

(e) 原点 O のまわりのトルク $\boldsymbol{N}$ が 0 の場合，質点は O を含む定平面内を運動し，O を中心とするの面積速度が一定であることを示せ．

考え方

角運動量は原点 O のまわりの質点回転の様子を表す物理量である．角運動量はベクトルで，質点の回転方向に回したときに右ねじが進む方向を示す．たとえば，太陽系における惑星の運動のように，原点（太陽の位置）から力を受けて一定の平面内での周期的な回転運動をするような場合には，角運動量は一定で回転平面に垂

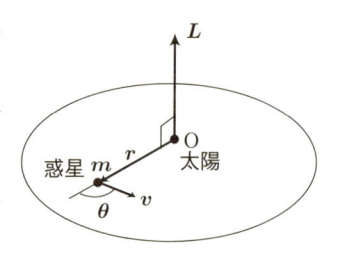

直である．前頁の図では，角運動量の向きは r と v を含む平面に垂直上向きで，大きさは $L = mrv\sin\theta$ となる．（図で，r と v の間の角度の定義に注意しよう．L の作用線はどこにおいてもよいが，原点 O を基点とするベクトルで表すことが多い．）角運動量は原点の取り方によって値が異なるので，「点 A のまわりの」角運動量などと言い表す．

トルクは質点を O のまわりで回転させようとする「力」を表す．

$$\frac{d\boldsymbol{p}}{dt} = \boldsymbol{F} \longleftrightarrow \frac{d\boldsymbol{L}}{dt} = \boldsymbol{N}$$

の対比から，（角運動量，トルク）は（運動量，力）に対応することがわかる．トルク $\boldsymbol{N}$ はベクトルでその大きさは力の大きさ F と回転の中心 O と力の作用線の距離 $r\sin\theta$ との積となる．

力の作用線が常に O を通る場合 ($\theta = 0$ または $180°$) はトルクは 0 となる．このような力を中心力とよぶ．中心力だけによる質点の運動は O を含む一定平面上の運動となり，その中心 O のまわりの面積速度が一定である．面積速度とは，中心 O と質点を結ぶ線分が単位時間に通過する面積をいう．中心 O を原点とする xy 平面上の極座標を用いると，面積速度は

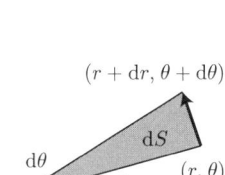

$$s = \frac{dS}{dt} = \frac{1}{2}r^2\dot{\theta}$$

で与えられる．

解答

(a) 運動方程式 $\dfrac{d\boldsymbol{p}}{dt} = \boldsymbol{F}$ の両辺と $\boldsymbol{r}$ との外積を計算する．

$$\frac{d\boldsymbol{L}}{dt} = m\frac{d\boldsymbol{r}}{dt} \times \boldsymbol{v} + \boldsymbol{r} \times \frac{d\boldsymbol{p}}{dt} = \boldsymbol{r} \times \boldsymbol{F} = \boldsymbol{N}. \tag{4.16}$$

ワンポイント解説

・$\dfrac{d\boldsymbol{r}}{dt} \times \boldsymbol{v} = \boldsymbol{v} \times \boldsymbol{v} = 0$ を用いて第 1 項は 0．

(b) $\boldsymbol{r} = r\boldsymbol{e}_r$, $\boldsymbol{F} = F_r\boldsymbol{e}_r + F_\theta\boldsymbol{e}_\theta$ を用いて

$$\boldsymbol{N} = r\boldsymbol{e}_r \times (F_r\boldsymbol{e}_r + F_\theta\boldsymbol{e}_\theta)$$
$$= rF_\theta\boldsymbol{e}_r \times \boldsymbol{e}_\theta = rF_\theta\boldsymbol{e}_z \quad (4.17)$$

より $\quad N_z = rF_\theta. \quad (4.18)$

・$\boldsymbol{e}_r \times \boldsymbol{e}_r = 0$
$\boldsymbol{e}_r \times \boldsymbol{e}_\theta = \boldsymbol{e}_z$
を用いる.

同じく,

$$\boldsymbol{L} = m\boldsymbol{r} \times \boldsymbol{v} = mr\boldsymbol{e}_r \times (\dot{r}\boldsymbol{e}_r + r\dot{\theta}\boldsymbol{e}_\theta)$$
$$= mr^2\dot{\theta}\boldsymbol{e}_z \quad (4.19)$$

より $\quad L_z = mr^2\dot{\theta}. \quad (4.20)$

(c) $\boldsymbol{F}$ と $\boldsymbol{r}$ が平行 (あるいは反平行) だから,

$$\boldsymbol{N} = \boldsymbol{r} \times \boldsymbol{F} = 0. \quad (4.21)$$

・平行 (反平行) なベクトルの外積は 0.

(d) トルクの大きさの 2 乗は

$$|\boldsymbol{r} \times \boldsymbol{F}|^2 = r^2(\boldsymbol{F}^2 - (\boldsymbol{F} \cdot \boldsymbol{e}_r)^2) = 0.$$

よって,

$$\boldsymbol{F}^2 = (\boldsymbol{F} \cdot \boldsymbol{e}_r)^2 = F_r^2. \quad (4.22)$$

だから, $\boldsymbol{F}$ は r 方向成分のみを持つ中心力である.

(e) ある時刻 (仮に $t=0$ とする) に $\boldsymbol{r}$ と $\boldsymbol{v}$ で作られる平面を H とする. $\boldsymbol{N} = 0$ より,

$$\frac{d\boldsymbol{L}}{dt} = m\boldsymbol{r} \times \frac{d\boldsymbol{v}}{dt} = m\boldsymbol{r} \times \boldsymbol{a} = 0. \quad (4.23)$$

すなわち, $\boldsymbol{a}$ と $\boldsymbol{r}$ は平行 (あるいは反平行). したがって, $\boldsymbol{a}$ も H 平面内にあり, $t=0$ 以後の運動もすべて H 平面内で行われることがわかる.

H 平面上での極座標系を考えると, (b) の結果から, $mr^2\dot{\theta}$ が不変となり, 面積速度 $s = \dfrac{1}{2}r^2\dot{\theta}$ が一定.

・角運動量 $\boldsymbol{L}$ は常に $\boldsymbol{r}$ と $\boldsymbol{v}$ で作られる平面に垂直である. $\boldsymbol{L}$ が保存するので, 運動平面も一定に保たれる.

例題 16 の発展問題

16-1. 外力のトルクが 0 である質点運動の軌道が原点を通過するならば，原点のまわりの角運動量は 0 であることを示せ．

16-2. 質量 m の質点が速度 $\boldsymbol{v}_0 = (v_0, 0, 0)$ で $y = a, z = 0$ の直線上を等速直線運動する．

 (a) この質点の運動を原点から見た面積速度が一定であることを示せ．この運動の原点のまわりの角運動量を求めよ．

 (b) 同じ運動の点 $(0, -b, 0)$ のまわりの角運動量を求めよ．$a = -b$ とするとどうなるか．

 (c) この質点に力が加わって一定時間後に速度が $\boldsymbol{v} = (0, -v_0, 0)$ に変化し，点 $\boldsymbol{r} = (a, 0, 0)$ を通過したとせよ．このときの原点のまわりの角運動量を求め，角運動量の変化から，どのような力がかかったかを推測せよ．

16-3. 質量 m の質点が xy 平面上で $Ax^2 + By^2 = 1$ 軌道上を楕円運動していて，原点 O$=(0,0)$ から見た面積速度が一定であるとする．

 (a) この軌道を極座標 (r, θ) で表せ．

 (b) この運動の動径方向の加速度を r の関数として表せ．

 (c) この運動はどのような力のもとで行われているか．

例題 17　振り子の運動

図のように，長さ ℓ のひもで固定点 O からつるされた質量 m のおもりが鉛直面内で振動する振り子運動を，鉛直下方からの振れ角度 θ を変数として記述する．

(a) おもりに加わる力はひもの張力 $\boldsymbol{T}$ と重力 $\boldsymbol{G}$ である．それぞれの力がおもりに与える O 点のまわりのトルク（の紙面に垂直成分，すなわち z 成分）を求めよ．
(b) トルクと角運動量の変化の関係を用いて，θ が満たすべき方程式を求めよ．
(c) 最大振れ幅 θ_0 が小さい振動の場合には $\sin\theta$ が近似的に θ に等しいことを用いて，θ が小さいときの近似解を求めよ．
(d) 振り子の周期を求めよ．

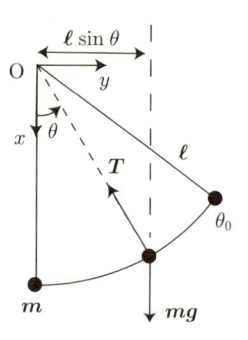

考え方

$\theta(t)$ を時間の関数とする．おもりの座標は $x(t) = \ell\cos\theta(t)$, $y(t) = \ell\sin\theta(t)$ で表される．トルクは中心 O から力の作用線までの距離に比例することに注意する．正弦関数のテイラー展開

$$\sin\theta \sim \theta - \frac{\theta^3}{6} + \dots \tag{4.24}$$

を用いると，$\theta \ll 1$ の場合には $\sin\theta \sim \theta$ と近似することができる．

解答

(a) ひもの張力の作用線は，常に O を通るので，おもりに与えるトルクは 0. 重力の作用線は O からの距離が $\ell\sin\theta$ だから，重力のトルクは

$$N_z = -mg\ell\sin\theta. \tag{4.25}$$

(b) 角運動量（z 成分）は $L_z = m\ell^2\dot{\theta}$ で与えられるの

ワンポイント解説

トルクの符号に注意．角運動量とトルクは θ が大きくなる向きを正にとる．ここでは z 方向．

で，運動方程式は

$$m\ell^2 \ddot{\theta} = -mg\ell \sin\theta \tag{4.26}$$

$$\longrightarrow \quad \ddot{\theta} = -\frac{g}{\ell} \sin\theta \tag{4.27}$$

となる．

(c) この方程式の厳密な解は，楕円関数とよばれる一群の関数で与えられ，初等関数では表せない．
振り子の振れ幅が小さい（$|\theta| \leq |\theta_0| \ll 1$）場合には $\sin\theta \simeq \theta$ と近似することができる．したがって，$\omega \equiv \sqrt{\dfrac{g}{\ell}}$ を用いて

$$\ddot{\theta} = -\frac{g}{\ell} \sin\theta \simeq -\omega^2 \theta \tag{4.28}$$

より単振動の方程式に一致する．一般解は

$$\theta(t) = \theta_0 \cos(\omega t + \delta) \tag{4.29}$$

で与えられる．θ_0 は振幅，初期位相 δ は $t=0$ での振動の位相を表す．t の原点をずらせば $\delta = 0$ とすることもできる．

(d) 振り子の周期 T は微小振動の場合は

$$T_{微小} = \frac{2\pi}{\omega} = 2\pi\sqrt{\frac{\ell}{g}}. \tag{4.30}$$

厳密解では周期は θ_0 に依存する．

$$T \sim T_{微小} \left(1 + \frac{\theta_0^2}{16} + \dots \right). \tag{4.31}$$

厳密解を次のように図示する．横軸の単位は $T_{微小}$ で，$\theta_0 = 10°, 30°, 60°$ ととった．振れ幅が大きくなるにしたがって，周期が $T_{微小}$ より長い方へずれていくことが見てとれる．

・テイラー展開が成り立つためには，角度はラジアン単位で測ることに注意しよう．

・周期は $\omega T = 2\pi$（ラジアン）を満たす．

・振り子の等時性は振幅が大きくなると破れる．

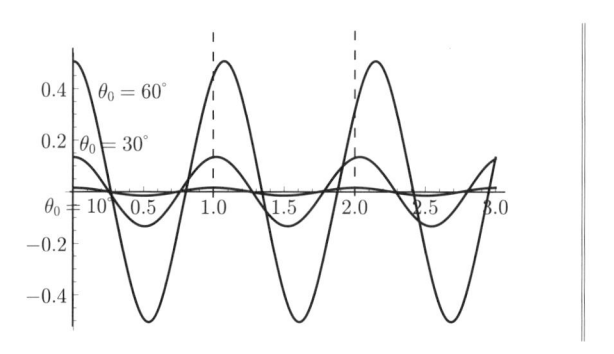

例題 17 の発展問題

17-1. (a) 振り子が高さ一定面で等速円運動する円錐振り子運動（下図左）について，ひもの張力と重力がおもりに与えるトルクを求めよ．トルクの中心を固定点 O にとった場合と，円運動の中心 P にとった場合とで，結果がどのように違うか．その物理的な意味は何か．

(b) P 点のまわりのトルクが 0 であることを用いて，ひもの張力を求め，頂点の角度 θ と角速度 ω の関係を求めよ．

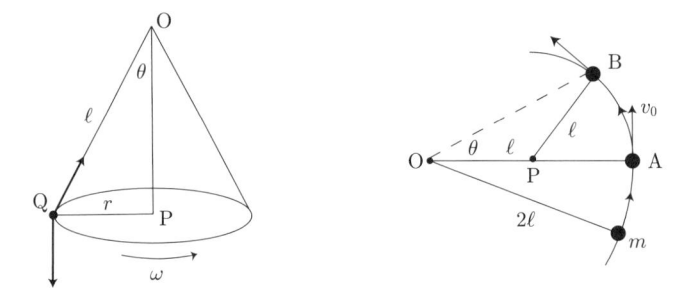

17-2. 上図右のように原点 O から伸びる長さ 2ℓ の糸の先に質量 m の質点を結び，水平なテーブル上で O のまわりに回転させるものとする．質点は速さ v_0 で点 A へ達し，その後は糸が点 P にある釘にひっかかってそのまわりで半径 ℓ の回転運動を行い，点 B に達する．角 POB を θ とする．この運動ではテーブルとの摩擦は無視できるとし，糸がたるむことはないものとする．

(a) A 点に達するまでのおもりの O 点のまわりの角運動量を求めよ.
(b) B 点に達したときのおもりの速さと O 点のまわりの角運動量を求めよ.
(c) B 点でおもりに加わるトルクを求めよ.

重要度 ★★★

5 万有引力とケプラーの法則

―《 内容のまとめ 》―

　ニュートンは，月が地球のまわりを回転する運動と，地上で物体（りんご）が落下する運動を結びつけて，共通な力によってこれらの運動が支配されているとする万有引力の理論を作り上げた．この全く異なって見える現象が同じ原理のもとで行われていることの発見は物理学の本質をよく表している．我々の身のまわりやこの宇宙の様々な現象はそれぞれ複雑で異なっている．しかし，それらを統一して理解することこそが物理学の本質的なアプローチである．
　この章では，質量が非常に大きいため固定された太陽のまわりを回遊する惑星の運動の規則性に関するケプラーの法則が，逆二乗則に従う万有引力による運動であることを示す．さらに，質点ではなく，大きさを持った球形の天体による万有引力の性質を調べる．

惑星の公転運動に関するケプラーの法則は次の3項目にまとめられる．
　　［第一法則］　惑星は太陽を焦点とする楕円軌道を描く
　　［第二法則］　面積速度は一定である
　　［第三法則］　周期 T の二乗は楕円軌道の長軸半径 a の三乗に比例する

ケプラーは，ティコ・ブラーエによって測られた惑星の精密な観測データをもとに，軌道を決定し，これらの法則を見いだした．第一法則では，惑星の公転軌道が（それまで信じられていた）円ではなく楕円であることや，その楕円の焦点（の1つ）に太陽があることを示した．第二法則では，太陽のまわりの

面積速度，すなわち，太陽と惑星を結ぶ線分が単位時間あたりに通過する面積が一定の運動であることを見いだした．これは前章で学んだ通り，惑星運動の角運動量の運動面に垂直な成分が保存することを示している．第三法則は，複数の惑星の公転周期と公転半径の関係を与え，惑星が太陽に及ぼす力の性質を明らかにする．

次の例題で見るように，ケプラーの法則は太陽と惑星の間に，万有引力

$$\bm{F} = -\frac{GMm}{r^2}\bm{e}_r \tag{5.1}$$

が働くことを示している．ここで，M は太陽の質量，m は惑星の質量を表す．G は万有引力定数とよばれる普遍的定数で，

$G = 6.6743 \times 10^{-11}\ \mathrm{m^3 \cdot kg^{-1} \cdot s^{-2}} = \mathrm{N \cdot m^2 \cdot kg^{-2}}$.

例題 18　ケプラーの法則と楕円軌道

ケプラーの法則を用いて，惑星が太陽から受ける力が逆二乗則に従うことを示してみよう．太陽は十分に重いため静止しているとし，惑星の質量を m とする．楕円の焦点 O にある太陽の位置を中心とする極座標をとる．惑星の運動の O のまわりの角運動量の楕円面に垂直な成分を L とする．

(a) ケプラーの第二法則を用いて，$\dot{\theta}$ を r, m, L を用いて表せ．
(b) ケプラーの第一法則を用いて，$\ddot{r}$ を r の関数として表せ．
(c) 惑星に加わっている力を求めよ．
(d) 楕円の面積が $\pi ab = \pi a^2 \sqrt{1-e^2}$ であることを用いて，惑星の公転周期を求めよ．
(e) ケプラーの第三法則を用いて，万有引力の法則を導け．

考え方

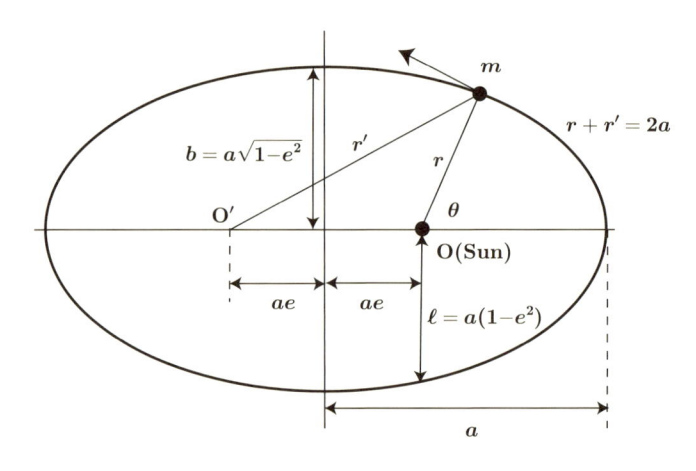

楕円は2つの焦点 O, O′ からの距離の和が一定値であるような点の集合（軌跡）で，OA $= r$, O′A $= r'$ とすると，$r + r' = 2a$ を満たす．a は定数で，長軸半径とよばれる．O を原点にとり，OO′ を結ぶ直線からの角度を θ とする2次元極座標をとり，OO′ 間の距離を $2ae$ とおくと，

$$r' = \sqrt{r^2 + (2ae)^2 + 4ae\,r\cos\theta} = 2a - r \quad \text{より} \tag{5.2}$$

$$r(1 + e\cos\theta) = a(1 - e^2) \equiv \ell$$

$$r = \frac{\ell}{1 + e\cos\theta} \tag{5.3}$$

が極座標表示による楕円の方程式となる．ここで，e は離心率とよばれる定数で，$0 \leq e < 1$ を満たす．$e = 0$ とすると，O と O′ が一致し，方程式は $r = \ell$ となって，半径 ℓ の円に帰着する．

ケプラーの第二法則は面積速度が一定であることから，太陽のまわりの角運動量が保存することを示す．したがって，この運動は中心力 $\boldsymbol{F} = F_r \boldsymbol{e}_r$ によって行われていることがわかる．F_r を求めるには，加速度の動径成分を計算すればよい．

解答

(a) 楕円面に垂直な角運動量は $L = mr^2\dot{\theta}$ で表されるので，

$$\dot{\theta} = \frac{L}{mr^2}. \tag{5.4}$$

(b) 楕円の方程式 (5.3) の両辺を時間で微分して

$$\dot{r} = \frac{\ell e \sin\theta}{(1 + e\cos\theta)^2}\dot{\theta} = r^2\dot{\theta}\frac{e}{\ell}\sin\theta. \tag{5.5}$$

これに (a) の結果を代入すると

$$\dot{r} = \frac{eL}{m\ell}\sin\theta \tag{5.6}$$

が得られる．さらに両辺を時間で微分すると

$$\ddot{r} = \frac{eL}{m\ell}\cos\theta\,\dot{\theta}. \tag{5.7}$$

ここで，再び楕円の式から

$$e\cos\theta = \frac{\ell}{r} - 1 \tag{5.8}$$

ワンポイント解説

・速度の θ 成分は $v_\theta = r\dot{\theta}$ を用いた．

・式 (5.3), (5.4) を用いて $\dot{\theta}$ と $\cos\theta$ を r で表す．

を代入すると，
$$\ddot{r} = \frac{L^2}{m^2\ell}\frac{1}{r^2}\left(\frac{\ell}{r} - 1\right) \tag{5.9}$$

を得る．

(c) 加速度の動径方向成分は $\ddot{r} - r(\dot{\theta})^2$ で与えられる．上の結果から力の動径成分は

$$F_r = m(\ddot{r} - r(\dot{\theta})^2) = \frac{L^2}{m\ell}\frac{1}{r^2}\left(\frac{\ell}{r} - 1\right) - \frac{L^2}{mr^3}$$
$$= -\frac{L^2}{m\ell}\frac{1}{r^2} \tag{5.10}$$

が得られる．すなわち，惑星は太陽を中心とする距離の逆二乗に比例する中心力を受けて運動している．

(d) 楕円の面積と面積速度から周期 T と a の間には

$$\pi ab = \pi a^2\sqrt{1-e^2} = \frac{L}{2m}T \tag{5.11}$$

の関係がある．ゆえに，

$$T = \frac{2m\pi a^2\sqrt{1-e^2}}{L}. \tag{5.12}$$

(e) ケプラーの第三法則によると

$$\frac{T^2}{a^3} = \frac{4\pi^2 m^2 a(1-e^2)}{L^2}$$
$$= \frac{4\pi^2 m^2 \ell}{L^2} \tag{5.13}$$

が定数でなければならない．したがって，

$$k = \frac{L^2}{m^2\ell} \tag{5.14}$$

は太陽のまわりのすべての惑星に共通の定数である．

したがって，$k = GM$ と書くと，惑星に働く力

> 反作用である惑星が太陽に及ぼす力を考えると，k は太陽の質量 M にも比例していなくてはならない．よって $k = GM$.

は
$$F_r = -\frac{GMm}{r^2} \quad (5.15)$$
(ニュートンの万有引力) であることがわかる.
ℓ は L^2 を用いて,
$$\ell = \frac{L^2}{GMm^2} \quad (5.16)$$
と表され,
$$\begin{aligned} r &= \frac{\ell}{1+e\cos\theta} \\ &= \frac{L^2}{GMm^2}\frac{1}{1+e\cos\theta} \end{aligned} \quad (5.17)$$
は L が一定の軌道を表すことがわかる.

例題18の発展問題

18-1. 地球の公転軌道は離心率が $e = 0.0167$ と小さいためほぼ円形だが,太陽に近づく近日点と遠ざかる遠日点での太陽からの距離は 1.47×10^{11} m と 1.52×10^{11} m とである.近日点と遠日点での地球の公転速度はどの程度違うか.

18-2. (a) 極座標による楕円の方程式 $r(1 - e\cos\theta) = \ell = a(1-e^2)$ をデカルト座標系 (x, y) で表し,楕円の中心座標および長軸と短軸の長さを求めよ.

(b) 楕円の面積が πab であることを示せ.

18-3. 万有引力のもとで惑星が太陽を焦点の1つとする楕円軌道を描くことがわかったが,時間の関数として運動を記述するには,角度 $\theta(t)$ を時間の関数で表さなくてはならない.式 (5.4) を θ の微分方程式として解いて,$\theta(t)$ を求める関係式を導け.

例題 19 中心力運動の力学的エネルギー

質量 m の質点が位置エネルギー $U(r)$ で与えられる保存力を受けて運動する場合を考える．

(a) U が $\bm{r}$ の大きさ $r = |\bm{r}|$ だけの関数であれば，対応する力は中心力であることを示せ．

(b) 位置エネルギー $U(r)$ による力を受けて運動する角運動量が一定の質点の運動に対する力学的エネルギーを動径座標 $r(t)$ と角運動量の運動面と垂直な成分 L で表せ．

(c) ここからは，万有引力による運動を考える．万有引力は中心力位置エネルギー

$$U(r) = -\frac{GMm}{r} \tag{5.18}$$

で表される．前の例題で求めた，角運動量 L が一定の楕円軌道

$$r = \frac{\ell}{1 + e\cos\theta} \qquad (\ell = \frac{L^2}{GMm^2}) \tag{5.19}$$

運動における，位置エネルギー，運動エネルギー，全力学的エネルギーを θ の関数として表せ．

(d) 動径方向の有効位置エネルギーを求め，質点の全エネルギーと惑星の動径方向運動の様子を説明せよ．

(e) 角運動量が一定の軌道の内で，エネルギーが最低の軌道は円運動であることを示し，その半径を求めよ．

考え方

力は位置エネルギーの偏微分で与えられる．U が $r = \sqrt{x^2+y^2+z^2}$ だけの関数の場合には，$\bm{F} = -\dfrac{dU}{dr}\bm{e}_r$ となり，$\bm{F}$ は作用線が常に原点を通る中心力であることがわかる．中心力はトルクを与えないので角運動量が保存し，質点の運動は平面運動となる．平面上での極座標を用いて，質点の運動エネルギーを速度の動径方向成分と角運動量で表すことができる．

これを用いて，角運動量を指定すると，動径方向の運動はあたかも 1

次元の運動を扱うように，有効位置エネルギーを用いて記述できる．有効位置エネルギーは r だけの関数として

$$U_r(r) = \frac{L^2}{2mr} + U(r) \tag{5.20}$$

で与えられる．

解答

(a)

$$\begin{aligned}\boldsymbol{F} = -\boldsymbol{\nabla} U &= -\left(\frac{\partial U}{\partial x}, \frac{\partial U}{\partial y}, \frac{\partial U}{\partial z}\right) \\ &= -\frac{dU}{dr}\boldsymbol{\nabla} r = -\frac{dU}{dr}\boldsymbol{e}_r\end{aligned} \tag{5.21}$$

より，$\boldsymbol{F}$ は中心力である．中心力は中心 O のまわりにトルクを与えないので，質点の角運動量が保存する．この場合，質点の運動は角運動量と垂直で O を含む平面内で行われる．

(b) xy 平面上での極座標 (r, θ) を用いて，角運動量は

$$\begin{aligned}\boldsymbol{L} = m\boldsymbol{r} \times \boldsymbol{v} &= mr^2\dot{\theta}\,(\boldsymbol{e}_r \times \boldsymbol{e}_\theta) \\ &= mr^2\dot{\theta}\,\boldsymbol{e}_z \equiv L\boldsymbol{e}_z.\end{aligned} \tag{5.22}$$

すなわち，$\quad \dot{\theta} = \dfrac{L}{mr^2}. \tag{5.23}$

速度の動径方向成分 $v_r = \dot{r}$ を用いると，力学的エネルギーは

$$\begin{aligned}E &= \frac{1}{2}m\boldsymbol{v}^2 + U(r) \\ &= \frac{1}{2}m\left(v_r^2 + r^2(\dot{\theta})^2\right) + U(r) \\ &= \frac{1}{2}mv_r^2 + \frac{L^2}{2mr^2} + U(r).\end{aligned} \tag{5.24}$$

有効位置エネルギーを次のように定義することがで

ワンポイント解説

・$\dfrac{\partial r}{\partial x} = \dfrac{x}{r}$ などより，$\boldsymbol{\nabla} r = \dfrac{\boldsymbol{r}}{r} = \boldsymbol{e}_r$．

・運動が xy 平面上で行われると仮定しても一般性を失わない．

・$\boldsymbol{v} = \dot{r}\boldsymbol{e}_r + r\dot{\theta}\boldsymbol{e}_\theta$ を用いる．

・$E \equiv \dfrac{1}{2}mv_r^2 + U_r(r)$ と定義する．

きる.

$$U_r(r) = \frac{L^2}{2mr^2} - \frac{GMm}{r}. \qquad (5.25)$$

(c) 例題17の結果から

$$\dot{r} = \frac{eL}{m\ell}\sin\theta \qquad (5.26)$$

$$r\dot\theta = \frac{L}{mr} = \frac{L}{m\ell}(1+e\cos\theta) \qquad (5.27)$$

を用いて，運動エネルギーは

$$\begin{aligned}K &= \frac{1}{2}m\boldsymbol{v}^2 = \frac{m}{2}\left[(\dot r)^2 + (r\dot\theta)^2\right]\\ &= \frac{L^2}{2m\ell^2}(1+e^2+2e\cos\theta).\end{aligned} \qquad (5.28)$$

$\cdot\ \dfrac{L^2}{2m\ell^2} = \dfrac{GMm}{2\ell}$

位置エネルギーは

$$U = -\frac{GMm}{r} = -\frac{GMm}{\ell}(1+e\cos\theta). \qquad (5.29)$$

ℓ と L の関係を用いると，力学的エネルギーは

$$\begin{aligned}E = K + U &= -\frac{GMm}{2\ell}(1-e^2)\\ &= -\frac{G^2M^2m^3}{2L^2}(1-e^2)\end{aligned} \qquad (5.30)$$

で，θ によらない定数となり，楕円運動の間の力学的エネルギーが一定であることを示す.

(d) 保存力のもとでの $\boldsymbol{L}$ が一定の運動は，

$$E = \frac{1}{2}mv_r^2 + U_r(r) \qquad (5.31)$$

が保存するので，有効位置エネルギー U_r のもとでの1次元運動と同じように扱えることがわかる.

次頁に U_r のふるまいの様子を示した．有効位置エネルギー U_r の第1項は L^2 に比例し，$L \neq 0$ で

┌ 保存力のもとでの1次元の運動では，力学的エネルギーの保存から，運動の各点での速度は
$v = \sqrt{2(E-U)/m}$
で与えられる.

は常に正である．この項は質点が原点 O に近づかないようにする反発力になっていて，角運動量を持つことによる "遠心力" を表していることがわかる．$E \geq U_r(r)$ の条件から動径方向の運動範囲が決まり，速度の動径方向成分は

$$v_r(r) = \sqrt{\frac{2}{m}[E - U_r(r)]} \quad (5.32)$$

で与えられる．$E = U_r(r)$ を満たす点では速度の動径成分が 0 となり，そのような 2 点で挟まれる領域が r が取り得る範囲である．

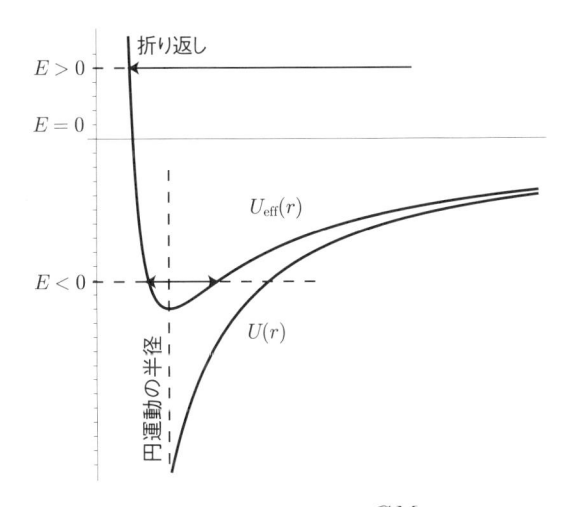

(e) L が一定のエネルギー $E = -\dfrac{GMm}{2\ell}(1 - e^2)$ を最小（束縛エネルギーが最大）にするには，$e = 0$ ととればよい．

$$E_{\min} = -\frac{GMm}{2\ell}. \quad (5.33)$$

このときには，運動は半径が ℓ の円運動になる．このエネルギーは，有効位置エネルギー $U_r(r)$ の最小値と等しい．

例題 19 の発展問題

19-1. 軌道 $r(1 + e\cos\theta) = \ell$ が万有引力のもとでの運動を表すことを示す際に，この軌道が楕円である条件 $0 \leq e < 1$ は必ずしも必要ない．それ以外の e について軌道を考えてみよう．（下図参照）

(a) $e = 1$ の場合には，エネルギーが0で，軌道が放物線であることを示せ．

(b) $e > 1$ の場合には，エネルギーは正で，軌道は双曲線となることを示し，その漸近線を求めよ．
下図左に $e = 0$（円），0.2, 0.4, 0.6, 0.8, 1.0（放物線）；右に 1.1, 1.5（双曲線）の軌道を示す． $\ell = 1$ に固定した．

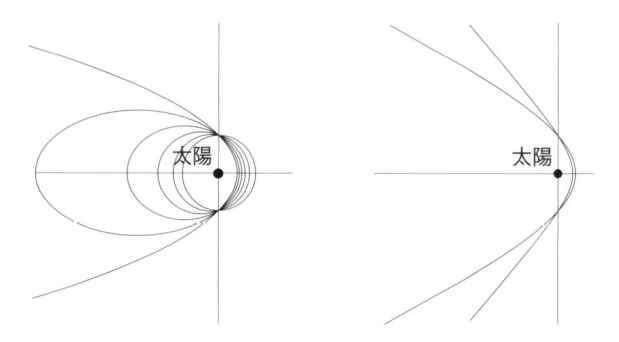

19-2. 地球を周回する円軌道上にある宇宙ステーションの，前頭部分を少し速い速度，後尾部分を少し遅い速度にするように真ん中で切り離したとする．それぞれの部分に動力はなく，そのまま地球のまわりを回り続けるものとせよ．前頭部と後尾部のどちらが先に切り離した場所に戻ってくるか．

例題 20　一様な球による万有引力

連続に分布した質量による万有引力の位置エネルギーを計算する.

(a) 中心が原点 O に置かれた半径 R の球面上（中空）に単位面積あたり $\rho = \dfrac{M}{4\pi R^2}$ の質量が分布しているとする．この質量分布によって生じる万有引力の位置エネルギーを，中心からの距離 r に置かれた質量 m の質点について計算せよ．

(b) 中心が原点 O に置かれた半径 R の密度が一様な球によって生じる万有引力の位置エネルギーを，中心からの距離 r に置かれた質量 m の質点について計算せよ．

考え方

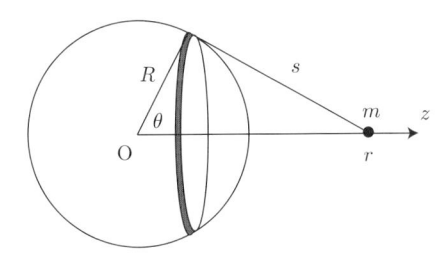

質量分布は球対称なので，一般性を失わずに，質点が z 軸上の点 $(0,0,r)$ にあるとしてよい．位置エネルギーは微小質量部分からの寄与の和（積分）で表される．上図のように座標をとって，円環状の微小質量部分からの寄与を考える．z 軸からの角度 θ に位置する円環の半径は $R\sin\theta$ で，円周は $2\pi R\sin\theta$．微少角 $\Delta\theta$ の範囲の厚みは $R\Delta\theta$ であるから，その部分の面積は $2\pi R\sin\theta R\Delta\theta$ である．したがって，この部分の質量は密度 ρ をかけて，

$$\Delta M = \rho\, 2\pi R\sin\theta\, R\Delta\theta = \frac{M}{2}\sin\theta\,\Delta\theta \tag{5.34}$$

となる．この微小質量を θ について，$0 \to 180°$ まで積分すると全質量を与える．

$$\int dM = \rho 2\pi R^2 \int_0^\pi \sin\theta\, d\theta = \rho 4\pi R^2 = M. \tag{5.35}$$

この円環状の微小質量部分は質点から距離

$$s = \sqrt{r^2 + R^2 - 2rR\cos\theta} \quad (余弦定理)$$

にあるので，位置エネルギーへの寄与は

$$-Gm\frac{dM}{s} = -GmM\frac{\sin\theta\, d\theta}{\sqrt{r^2 + R^2 - 2rR\cos\theta}} \tag{5.36}$$

となる．これを積分して，位置エネルギーが得られる．

　球全体に質量分布がある場合の位置エネルギーは，球面による位置エネルギーの答えを用いて，半径について積分して求めることができる．

‖解答‖

(a) 考え方の式 (5.36) を球面全体 ($0 \leq \theta \leq \pi$) で積分する．

$$\begin{aligned}U(z) &= -Gm\int \frac{dM}{s} \\ &= -\frac{GmM}{2}\int_0^\pi \frac{\sin\theta\, d\theta}{\sqrt{r^2 + R^2 - 2rR\cos\theta}}\end{aligned} \tag{5.37}$$

ここで，$c = \dfrac{r^2 + R^2}{2rR}$ とおくと，積分は置換積分により初等的に求めることができる．$r < R$ なら $\sqrt{(r-R)^2} = R - r$ であることに注意しよう．

$$\begin{aligned}U(r) &= -\frac{GmM}{2}\frac{1}{\sqrt{2rR}}\int_0^\pi \frac{\sin\theta\, d\theta}{\sqrt{c - \cos\theta}} \\ &= -\frac{GmM}{\sqrt{2rR}}(\sqrt{c+1} - \sqrt{c-1}) \\ &= \begin{cases}-GmM/r & (r > R) \\ -GmM/R & (r < R).\end{cases}\end{aligned} \tag{5.38}$$

ワンポイント解説

・微小質量部分から質点までの距離が共通であるように変数を選ぶ．

・$c - 1 = \dfrac{(r-R)^2}{2rR}$

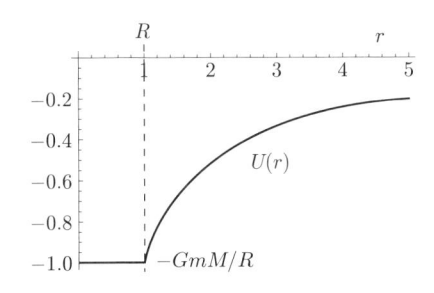

上の図は $GmM = 1$, $R = 1$ の場合の解を示す．すなわち，球の外側では，質量 M がすべて球の中心 O に集まったと仮定した場合の位置エネルギーが得られ，球の内側では位置エネルギーは定数となる．万有引力は球の外側では同じく質量 M が中心に集中しているとしたときの万有引力と同一となる．

一方，球面の内部（空洞）では（微分がゼロなので）万有引力も 0 である．これは，球面内部では球面上の各点からの逆二乗則に従う引力がちょうどつり合って 0 になることを意味している．

(b) (a) の答えで M を半径 ξ で厚み $d\xi$ の球殻部分の質量で置き換えて，ξ について積分することにより，球全体からの位置エネルギーが求まる．厚み $d\xi$ の球殻の体積は $4\pi\xi^2 d\xi$ なので，

$$M \to dM(\xi) = \rho \, 4\pi\xi^2 d\xi \tag{5.39}$$

と置き換えればよい．ρ は単位体積あたりの質量（密度）を表す．球全体の質量を M とすると，

$$M = \int_0^R 4\pi \rho \, \xi^2 \, d\xi = \frac{4\pi R^3}{3}\rho \tag{5.40}$$

・球の内部で万有引力が 0 となるのは，導体球の表面電荷が球の内部に電場を作らないのと同じ現象である．球面の質量の密度分布が一定であることと，万有引力が逆二乗の法則に従うことからの結論で，どちらの条件が破れても成り立たなくなる．

$r > R$ の場合には

$$U(r) = \int_0^R 4\pi\rho \frac{-Gm}{r} \xi^2 \, d\xi = -\frac{GmM}{r}. \quad (5.41)$$

$r < R$ の場合には

$$\begin{aligned}U(r) &= \int_0^r 4\pi\rho \frac{-Gm}{r} \xi^2 \, d\xi \\ &\quad + \int_r^R 4\pi\rho \frac{-Gm}{\xi} \xi^2 \, d\xi \\ &= -4\pi\rho Gm \left(\frac{r^2}{3} + \frac{R^2 - r^2}{2} \right) \\ &= -\frac{GmM}{2R} \left(3 - \frac{r^2}{R^2} \right). \quad (5.42)\end{aligned}$$

下図に位置エネルギーとその微分である動径方向の力の大きさを図示した．この位置エネルギーは $r = R$ でなめらかにつながる関数である．

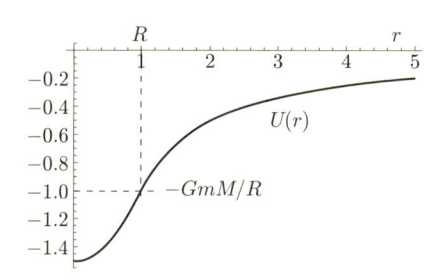

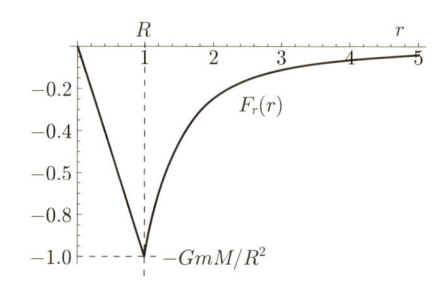

・$\rho = \dfrac{3M}{4\pi R^3}$ を用いて，ρ を M で書き直す．

対応する万有引力は e_r の成分だけを持つので，$F_r = -\dfrac{dU(r)}{dr}$ より

$r < R$ の場合：$F_r = -\dfrac{GmM}{R^3} r$

$r > R$ の場合：$F_r = -\dfrac{GmM}{r^2}.$ \hfill (5.43)

例題 20 の発展問題

20-1. 地球の直径に沿って反対側へ貫く細い穴を空け，質点を穴に落下させる．地球の密度を一様とし，摩擦や空気抵抗など重力以外の力は働かないものとすると，質点はどのような運動をするか．地球の密度が球対称だが一様ではない場合はどうか？

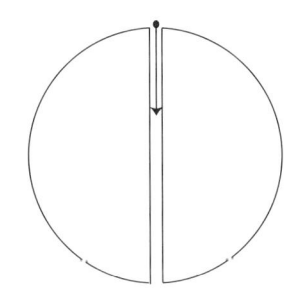

20-2. 半径 R の星の内部の質量分布が球対称な密度で半径 ξ の関数として $\rho(\xi)$ で与えられるとき，中心から距離 r に置かれた質量 m の質点の万有引力の位置エネルギーおよび力の大きさを求める式を導け．

6 多粒子系の運動

重要度 ★★★

―《 内容のまとめ 》―

　太陽系における多数の惑星や衛星の運動のように，多数の物体（質点）が相互に力を及ぼし合って行われる運動は一般的に非常に複雑である．しかし，その場合でも，いくつかの特別な座標については簡単な関係式が得られる．
重心の運動：N 個の質点が互いに力を及ぼし合って運動する質点系の重心を

$$\bm{R}_G \equiv \frac{\sum_i m_i \bm{r}_i}{M} \tag{6.1}$$

と定義する．m_i, $\bm{r}_i$ は i 番目の質点の質量および位置座標とし，$M \equiv \sum_i m_i$ は系全体の質量を表す．各質点に働く力をそれぞれ $\bm{F}_i$ とすると，

$$\bm{F}_i = m_i \frac{d^2 \bm{r}_i}{dt^2} \tag{6.2}$$

より，

$$\bm{F} \equiv \sum_i \bm{F}_i = \sum_i m_i \frac{d^2 \bm{r}_i}{dt^2} = M \frac{d^2 \bm{R}_G}{dt^2} \tag{6.3}$$

であることがわかる．これは，質点系の重心の位置にある 1 個の質点が，質点系の質量の総和 M を質量とし，力の総和 $\bm{F}$ を集中して受けているとした場合の運動方程式である．
ニュートンの第三法則：ニュートンの力学の第三法則（作用反作用の法則）は，物体（質点）A が物体 B に及ぼす力，$\bm{F}_{A \to B}$ と B が A に及ぼす力 $\bm{F}_{B \to A}$ の間には，$\bm{F}_{B \to A} = -\bm{F}_{A \to B}$ の関係があることを主張する．これらの 2 つの力は互いに作用と反作用の関係にあるという．たとえば，地球は太陽から引力

を受けて運動しているが，同時に地球も太陽に同じ大きさで反対向きの力を及ぼしている．おもりにつけた糸はおもりに力を及ぼすが，糸もおもりから力（張力）を受ける．

　これらを組み合わせて考える．複数の質点からなる質点系において，各質点に働く力をその質点系内の他の質点から受ける力（内力）と質点系に含まれない外部から受ける力（外力）の和に書き表す．すなわち

$$\boldsymbol{F}_i = \sum_{j \neq i} \boldsymbol{F}_{j \to i} + \boldsymbol{F}_i^{外} \tag{6.4}$$

$$\boldsymbol{F} = \sum_i \boldsymbol{F}_i = \sum_{(i,j)} (\boldsymbol{F}_{j \to i} + \boldsymbol{F}_{i \to j}) + \sum_i \boldsymbol{F}_i^{外} = \sum_i \boldsymbol{F}_i^{外} \tag{6.5}$$

ここで，$\sum_{(i,j)}$ は i と j のペアのすべてについての和を表し，作用反作用の法則を用いて内力の和が 0 となることを用いた．右辺の $\sum_i \boldsymbol{F}_i^{外}$ は，系に加わる外力の和となっている．したがって，質点系の重心の運動は，その質点系が受ける外力のみで決定されることがわかる．

　外力の総和が 0 の質点系の運動を記述するのに便利な物理量が運動量 $\boldsymbol{p} \equiv m\boldsymbol{v}$ である．ニュートンの運動方程式を用いると，運動量の変化は力積と関係づけられる（例題 8 参照）．運動方程式を時間で積分すると

$$\begin{aligned}\boldsymbol{P} &= \int_0^t \boldsymbol{F}\, dt = \int_0^t m \frac{d\boldsymbol{v}}{dt}\, dt = m(\boldsymbol{v}(t) - \boldsymbol{v}(0)) \\ &= \boldsymbol{p}(t) - \boldsymbol{p}(0).\end{aligned} \tag{6.6}$$

左辺は質点にかかる力を時間 0 と t の間にわたって積分した力積とよばれるベクトルで，その成分は $P_x = \int_0^t F_x\, dt$ などと力の成分をそれぞれ積分した量である．

例題 21　質点系の運動

(a) 質点にかかる外力の和が 0 である質点系の重心の運動を求めよ．

(b) 外力の和が 0 である質点系の運動量の総和が一定であることを示せ．

(c) 外力が働いていない 2 個の質点（質量 m_1, m_2; 座標 $\boldsymbol{r}_1$, $\boldsymbol{r}_2$）が互いに力 $\boldsymbol{F} \equiv \boldsymbol{F}_{1\to 2} = -\boldsymbol{F}_{2\to 1}$ で作用し合っているとする．2 質点の相対座標 $\boldsymbol{r} \equiv \boldsymbol{r}_1 - \boldsymbol{r}_2$ が満たすべき微分方程式を求めよ．

(d) 2 段ロケットが切り離される場合のように，最初にくっついて運動していた 2 個の質点が互いに力を及ぼし合って離れていく現象を考える．外力は働かないものとする．簡単のため，質量 m_1 と m_2 の 2 粒子が最初は共に原点にあって静止していたとする．お互いに反発し合って離れた後の 2 粒子の運動量の関係を求めよ．

考え方

多粒子系では，重心が特別な役割を担っている．外力の和が 0 の場合，重心運動には力が働いていないと見なすことができる．すなわち，重心は自由粒子として等速直線運動を行う．重心の運動量も一定となるが，これは構成する全質点の運動量の和に他ならないことが (b) で示される．

一方，多粒子系の内部運動は，粒子間の力で決まる．もっとも簡単な 2 粒子系の場合，運動方程式は換算質量を用いた 1 粒子の運動方程式に帰着する．

解答

(a) 式 (6.3) から，左辺が 0 なので，重心座標の加速度は 0 である．したがって，重心座標は等速直線運動（静止を含む）をする．

(b) 質点系の全粒子に働く力の総和は外力の和に等しいため，外力の和が 0 ならば，質点系に働く力積の総和が 0 となる．したがって，

ワンポイント解説

・質点系について式 (6.6) の和をとる．

$$\int_0^t \sum_i \boldsymbol{F}_i \, dt = \sum_i \boldsymbol{p}_i(t) - \sum_i \boldsymbol{p}_i(0) = 0. \tag{6.7}$$

すなわち，質点系の全運動量 $\boldsymbol{p} = \sum_i \boldsymbol{p}_i$ が不変量であることがわかる．

(c) 運動方程式

$$m_1 \ddot{\boldsymbol{r}}_1 = \boldsymbol{F} \tag{6.8}$$

$$m_2 \ddot{\boldsymbol{r}}_2 = -\boldsymbol{F} \tag{6.9}$$

を用いて

$$m_1 m_2 \frac{d^2}{dt^2}(\boldsymbol{r}_1 - \boldsymbol{r}_2) = (m_1 + m_2)\boldsymbol{F}$$

$$\longrightarrow \mu \ddot{\boldsymbol{r}} = \boldsymbol{F} \tag{6.10}$$

ここで，

$$\mu \equiv \frac{m_1 m_2}{m_1 + m_2} \tag{6.11}$$

は換算質量とよばれる．

(d) 作用反作用の法則より，1 が 2 に及ぼす力積は 2 が 1 に及ぼす力積と同じ大きさで逆向きとなる．したがって，運動量の変化も同じ大きさで逆符号．最初 2 粒子は静止していたので運動量は共に 0 で，離れた後は $\boldsymbol{p}_1 = -\boldsymbol{p}_2$ を満たす．

・換算質量は，
$$\frac{1}{\mu} = \frac{1}{m_1} + \frac{1}{m_2}$$
を満たす．
$m_1 = m_2$ の場合は，$\mu = \dfrac{m_1}{2}$

・外力が働かないとしたので，全運動量が保存する．最初静止していたので，離れた後も $\boldsymbol{p}_1 + \boldsymbol{p}_2 = 0$ を満たす．

例題 21 の発展問題

21-1. ビリヤードのボール 2 個が衝突する現象で，それぞれのボールの衝突前後での運動量の変化の間の関係を求めよ．

21-2. 地球の公転運動を地球と太陽の 2 体系の運動方程式として表せ．重心の位置と換算質量を求めよ．

例題22　バネで結ばれた2質点の運動

質量 m_1, m_2 の2個の質点が自然長 ℓ, バネ定数 k の軽いバネで結ばれ，x 軸上を運動しているものとする．質点の位置をそれぞれ x_1, x_2 ($x_1 > x_2$) とする．外力は働かないものとする．

(a) 2粒子の運動方程式を書け．
(b) 方程式を2粒子の重心座標 x_G と相対座標 $x_R = x_1 - x_2$ で表し，重心の運動の一般解を求めよ．
(c) 相対運動の一般解を求めよ．
(d) バネが自然長にあって，2質点が静止している初期状態 $t = 0$ で，質点 m_2 に撃力による力積 $P(> 0)$ が加わって，質点 m_2 が m_1 向きに運動を始めた．その後の運動の様子を調べよ．

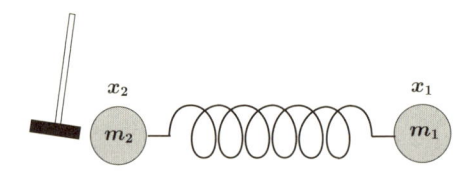

考え方

運動方程式は重心座標と相対座標についての2つの独立な方程式となる．これを変数分離とよぶ．外力が働かないので，重心運動は等速直線運動である．相対運動は単振動の方程式を満たす．

撃力とは，ハンマーで叩いたときのように，瞬間的に働く力で，力が働いている間は質点は運動しないものと仮定する．力の力積 $\int \boldsymbol{F}\, dt = \boldsymbol{P}$ が与えられれば，撃力が加わった直後の質点の運動量が決まる．

‖解答‖

(a) 運動方程式は

$$m_1 \ddot{x}_1 = -k(x_1 - x_2 - \ell) \qquad (6.12)$$

$$m_2 \ddot{x}_2 = k(x_1 - x_2 - \ell) \qquad (6.13)$$

ワンポイント解説

・質点1が受ける力と質点2が受ける力は作用と反作用の関係にある．

(b) 重心座標 $x_G = \dfrac{m_1 x_1 + m_2 x_2}{m_1 + m_2}$ の方程式は

$$(m_1 + m_2)\ddot{x}_G = m_1 \ddot{x}_1 + m_2 \ddot{x}_2 = 0 \qquad (6.14)$$

より，重心座標の解は等速運動解である．

$$x_G(t) = x_{G0} + v_{G0} t. \qquad (6.15)$$

一方，相対座標に対する運動方程式は

$$\begin{aligned}\ddot{x}_1 - \ddot{x}_2 &= -\left(\dfrac{1}{m_1} + \dfrac{1}{m_2}\right) k(x_1 - x_2 - \ell) \\ &= -\dfrac{k}{\mu}(x_1 - x_2 - \ell) \qquad (6.16)\end{aligned}$$

ここで，μ は換算質量である．したがって

$$\mu \ddot{x}_R = -k(x_R - \ell). \qquad (6.17)$$

(c) 相対座標は単振動の方程式を満たすので，

$$\omega = \sqrt{\dfrac{k}{\mu}} \qquad (6.18)$$

と定義して一般解を求めると

$$x_R(t) = A\cos\omega t + B\sin\omega t + \ell. \qquad (6.19)$$

(d) 撃力が加わった直後を $t=0$ とすると，質点 m_2 の運動量は

$$m_2 v_2(0) = P. \qquad (6.20)$$

重心の初期位置を原点 $x_G = 0$ ととると，他の初期条件は

$$\begin{aligned}x_G(t=0) &= x_{G0} = 0 \\ x_R(0) &= x_1(0) - x_2(0) = \ell \\ v_1(0) &= 0 \qquad (6.21)\end{aligned}$$

→ A と B が一般解の積分定数．x_R はバネの自然長 ℓ を中心値として単振動する．

→ 質点 m_2 の運動量は撃力が加わる前後で力積 P だけ変化する．m_1 の速度は 0 のままである．

で与えられる．これらを用いて，重心運動の解は

$$x_G(t) = v_{G0}t \tag{6.22}$$

$$v_{G0} = \frac{m_1 v_1(0) + m_2 v_2(0)}{m_1 + m_2} = \frac{P}{m_1 + m_2}. \tag{6.23}$$

次に，相対運動の初期条件は，

$$x_R(0) = A + \ell = \ell \longrightarrow A = 0 \tag{6.24}$$

$$\dot{x}_R(0) = B\omega = -\frac{P}{m_2} \tag{6.25}$$

$$\longrightarrow B = -\frac{P}{m_2 \omega}. \tag{6.26}$$

これらを総合して，x_1 と x_2 を求めると，

$$x_1 = v_{G0}t$$
$$+ \frac{m_2}{m_1 + m_2}(B\sin\omega t + \ell) \tag{6.27}$$

$$x_2 = v_{G0}t$$
$$- \frac{m_1}{m_1 + m_2}(B\sin\omega t + \ell) \tag{6.28}$$

が解となる．

・x_R と x_G で x_1 と x_2 を表す．

この解は，ばねと質点全体の重心が等速度 v_{G0} で x の正方向へ移動しつつ，ばねの両端で質点が角速度 ω の単振動を行っていることを示している．

例題 22 の発展問題

22-1. 例題 22(d) の運動における，時刻 t での力学的エネルギーの総和が $\dfrac{P^2}{2m_2}$ に等しいことを示せ．

7 剛体の回転運動

重要度 ★★★★

―《内容のまとめ》―

剛体とは，大きさを持った物体で形を変えないものの名称である．力学を考える上では，剛体は多数の質点（アボガドロ数程度でももっと大きくてもよい）の集まりで，質点間の相対的な位置（距離）が固定されているものと見なす．剛体の運動は，並進運動と回転運動に分けて考える．

並進運動は剛体の重心の運動で，外力の総和 $\boldsymbol{F}$ を受けて，$\boldsymbol{F} = M\boldsymbol{a}$ で決まる加速度を持つ．ここで，M は剛体全体の質量である．すなわち，剛体全体の運動は，あたかも重心に外力の和とすべての質量が集中しているかのように記述される．

剛体の回転運動は構成する質点が，重心あるいは特定の固定点を中心として一斉に同じ回転速度で運動するとして記述すればよい．ここではもっとも簡単な場合として，固定された回転軸のまわりの角速度 ω の回転を考える．剛体を構成する各質点の質量を m_i，回転軸上の 1 点を原点とする座標を $\boldsymbol{r}_i$ ($i = 1, \ldots, N$) と表すことにする．質点の運動について和をとると剛体の運動を表すが，連続な物質を扱う場合には，和を積分に置き換えればよい．

回転軸方向の単位ベクトルを $\boldsymbol{e}_\text{軸}$ と表す（一般性を失わずに回転軸方向を z 軸方向，$\boldsymbol{e}_\text{軸} = \boldsymbol{e}_z$ ととってもよい）．質点の位置ベクトル $\boldsymbol{r}_i$ と $\boldsymbol{e}_\text{軸}$ のなす角を θ_i，$\boldsymbol{r}_i$ の $\boldsymbol{e}_\text{軸}$ と垂直な成分を

$$\boldsymbol{\rho}_i \equiv \boldsymbol{r}_i - (\boldsymbol{r}_i \cdot \boldsymbol{e}_\text{軸})\boldsymbol{e}_\text{軸} = \boldsymbol{e}_\text{軸} \times (\boldsymbol{r}_i \times \boldsymbol{e}_\text{軸}) \tag{7.1}$$

と表すことにすると，

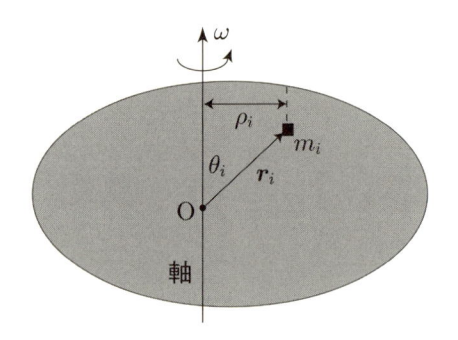

$$\boldsymbol{\rho}_i^2 = \boldsymbol{r}_i^2 - (\boldsymbol{r}_i \cdot \boldsymbol{e}_\text{軸})^2 = (\boldsymbol{r}_i \times \boldsymbol{e}_\text{軸})^2 = r_i^2 \sin^2 \theta_i \tag{7.2}$$

を満たす.

　剛体の回転運動を表す運動エネルギーや角運動量は構成する質点が持つ運動エネルギーや角運動量の和となる. 剛体の回転を表すときに便利な量が慣性モーメントである. 慣性モーメントは構成質点の回転軸からの距離の二乗 ρ_i^2 (剛体中では一定値) とその質量の積の和,

$$I = \sum_i m_i \rho_i^2 \tag{7.3}$$

で定義される.

　回転の角速度 ω を回転軸方向のベクトルで $\boldsymbol{\omega} = \omega \boldsymbol{e}_\text{軸}$ と表し,角速度ベクトルとよぶことにする. ベクトルの向きは,回転で右ねじの進む向きにとる. 各質点の速度,運動エネルギーと $\boldsymbol{e}_\text{軸}$ 方向の角運動量は

$$\boldsymbol{v}_i = \boldsymbol{\omega} \times \boldsymbol{r}_i = \omega \boldsymbol{e}_\text{軸} \times \boldsymbol{r}_i \tag{7.4}$$

$$|\boldsymbol{v}_i| = v_i = \omega r_i \sin \theta_i = \rho_i \omega \tag{7.5}$$

$$E_i = \frac{1}{2} m_i v_i^2 = \frac{1}{2} m_i \rho_i^2 \omega^2 \tag{7.6}$$

$$\boldsymbol{L}_i = m_i \boldsymbol{r}_i \times (\boldsymbol{\omega} \times \boldsymbol{r}_i) = m_i [r_i^2 \boldsymbol{e}_\text{軸} - \boldsymbol{r}_i (\boldsymbol{r}_i \cdot \boldsymbol{e}_\text{軸})] \omega \tag{7.7}$$

$$(L_i)_\text{軸} \equiv \boldsymbol{L}_i \cdot \boldsymbol{e}_\text{軸} = m_i [r_i^2 - (\boldsymbol{r}_i \cdot \boldsymbol{e}_\text{軸})^2] \omega = m_i \rho_i^2 \omega. \tag{7.8}$$

したがって,質点についての和をとって式 (7.3) を用いると,剛体回転の運動エネルギーおよび角運動量の $\boldsymbol{e}_\text{軸}$ 方向成分の大きさは

$$E = \sum_i E_i = \frac{1}{2}I\omega^2 \tag{7.9}$$

$$L_{軸} = \sum_i (L_i)_{軸} = I\omega \tag{7.10}$$

で与えられることがわかる．

剛体全体へかかるトルクは，各部分 (r_i) にかかる力 F_i によるトルクの和である．

$$N = \sum_i r_i \times F_i = \sum_i r_i \times F_i^{外力} \tag{7.11}$$

内力のトルクは作用と反作用が打ち消し合うので，外力によるトルクだけを考えればよい．剛体がつり合いの位置を保つ（あるいは等速度で回転を続ける）ための条件は $N = 0$ である．

剛体の異なる部分に働く力が同じ大きさで反平行（平行で向きが逆）の場合，この力を偶力とよぶ．偶力によるトルクは力の大きさと2つの力の作用線間の距離 d で書ける．剛体上の2点 r_1 と r_2 に働く偶力 $F = F_1 = -F_2$ に対して，d を F_1 と F_2 の作用線間の距離とすると，

$$N = r_1 \times F_1 + r_2 \times F_2 = (r_1 - r_2) \times F \tag{7.12}$$

$$|N| = |F|d. \tag{7.13}$$

例題23　剛体の慣性モーメント

次の各量を求めよ．剛体はすべて全質量が M であるとする．

(a) 長さ $2a$ の密度が一様な棒の中点を通り棒に垂直な軸のまわりの慣性モーメント

(b) 長さ $2a$ の密度が一様な棒の端点を通り棒に垂直な軸のまわりの慣性モーメント

(c) 半径 a の一様な密度の薄い円板の円の中心を通り円板面と垂直な軸のまわりの慣性モーメント

(d) 半径 a の一様な密度の球の直径を軸とする慣性モーメント

考え方

連続な剛体の慣性モーメントを求めるには，剛体の微小部分の慣性モーメントを求めて，剛体全体にわたって積分する．微小部分の質量を $\Delta m(\boldsymbol{r}) = \mu(\boldsymbol{r})\Delta V$ ($\Delta V = \Delta x \Delta y \Delta z$) と表すと，密度分布（単位体積あたりの質量分布）$\mu(\boldsymbol{r})$ は

$$\begin{aligned}\mu(\boldsymbol{r}) &= \frac{dm(\boldsymbol{r})}{dV} \\ &= \frac{d^3 m(\boldsymbol{r})}{dx\,dy\,dz}.\end{aligned} \tag{7.14}$$

これを全空間で積分すると全質量を得る．

$$M = \int dm = \int \mu(\boldsymbol{r})dV = \int \mu(x,y,z)\,dx\,dy\,dz. \tag{7.15}$$

重心座標 $\boldsymbol{R}_G = (X_G, Y_G, Z_G)$ はこの密度分布を重みとする座標の平均で与えられる．

$$\boldsymbol{R}_G = \frac{\int \boldsymbol{r}\,dm}{\int dm} = \frac{\int \boldsymbol{r}\,\mu(\boldsymbol{r})\,dV}{\int \mu(\boldsymbol{r})dV} \tag{7.16}$$

それぞれの成分は

$$X_G = \frac{1}{M}\int x\,\mu(x,y,z)\,dx\,dy\,dz \tag{7.17}$$

などで与えられる．

同じように，慣性モーメントは密度を重みとして軸からの距離 ρ の二乗の和を平均する．すなわち，

$$I = \int \rho^2 \, dm = \int \rho^2 \mu(\boldsymbol{r}) \, dV \tag{7.18}$$

で与えられる．

<u>平行軸の定理</u>

質量 M の剛体の重心を通る軸のまわりの慣性モーメントを I_G とすると，その軸と平行で，その軸から距離 h だけ離れた軸のまわりの慣性モーメント I_h は

$$I_h = I_G + Mh^2 \tag{7.19}$$

で与えられる．これを用いると，重心のまわりの慣性モーメントがわかっている剛体について，他の軸のまわりの慣性モーメントも簡単に計算できる．

[証明] 重心を原点とする各質点の座標 $\boldsymbol{r}_i$ の回転軸と垂直な成分を $\boldsymbol{\rho}_i \equiv \boldsymbol{r}_i - (\boldsymbol{r}_i \cdot \boldsymbol{e}_\text{軸})\boldsymbol{e}_\text{軸}$ で表すと，

$$\sum_i m_i \boldsymbol{\rho}_i = \int \boldsymbol{\rho} \, dm = 0 \tag{7.20}$$

$$I_G = \sum_i m_i \boldsymbol{\rho}_i^2 = \int \boldsymbol{\rho}^2 \, dm. \tag{7.21}$$

重心から軸と垂直なベクトル $\boldsymbol{h}$ だけ離れた平行軸のまわりの慣性モーメントは

$$\begin{aligned} I_h &= \int (\boldsymbol{\rho} - \boldsymbol{h})^2 \, dm = \int \boldsymbol{\rho}^2 \, dm - 2\boldsymbol{h} \cdot \int \boldsymbol{\rho} \, dm + \boldsymbol{h}^2 \int dm \\ &= I_G + Mh^2. \end{aligned}$$

[証明終]

解答

(a) 棒の密度（単位長さあたりの質量）は $\mu = \dfrac{M}{2a}$ である．棒の中点からの距離を x とおいて，微小質量として μdx をとればよい．慣性モーメントは

$$I = \int_{-a}^{a} x^2 \mu \, dx = \frac{M}{2a} \int_{-a}^{a} x^2 \, dx = \frac{Ma^2}{3}. \tag{7.22}$$

(b) 平行軸の公式 (7.19) と (a) の答を用いる．軸間の距離は棒の長さの半分で a．

$$I_{端} = I + Ma^2 = \frac{4}{3} Ma^2. \tag{7.23}$$

(c) 円板の単位面積あたりの質量は $\mu = \dfrac{M}{\pi a^2}$ である．軸からの距離は半径 r なので，半径 r から $r+dr$ までの円環部分の面積 $2\pi r \, dr$ を用いて，微小部分の質量は $2\pi r \mu \, dr$ で与えられる．したがって，慣性モーメントは

$$I = \int_0^a r^2 \, 2\pi r \mu \, dr = \frac{1}{2} Ma^2. \tag{7.24}$$

(d) 球を薄い円板の和と考えて，それぞれの円板については (c) の結果を用いる．球の密度は $\mu = \dfrac{3M}{4\pi a^3}$．半径が $\sqrt{a^2 - z^2}$ で厚さ dz の円板の質量は $\pi(a^2 - z^2)\mu \, dz$．これを z について積分すると

$$I = \mu \int_{-a}^{a} \frac{1}{2} \pi (a^2 - z^2)^2 \, dz = \frac{2}{5} Ma^2. \tag{7.25}$$

ワンポイント解説

・この例題の答はすべて Ma^2 に比例する．これは，慣性モーメントが (質量)×(長さ)^2 という単位を持つことに気をつければ自明である．なぜなら，ここで出てくる剛体は一様な密度を持ち，質量の単位を持つ量は M だけである．また，長さの単位を持つ量も a だけであるから，慣性モーメントはかならず Ma^2 に比例する．しかし，この考察では，Ma^2 の前の係数は決まらない．積分して求めているのは，実はこの定数なのである．

例題 23 の発展問題

23-1. 頂点を $(-a, 0), (a, 0), (b, c)$ とする三角形の一様な板の重心の位置を求めよ（$c \neq 0$ とする）．

23-2. (a) 辺の長さが a の正三角形の各頂点に質量 m の質点を置き，形を変えずに三角形の重心を通り三角形面に垂直な軸のまわりを回転させる．この回転の慣性モーメントを求めよ．

(b) 同じ正三角形を頂点の 1 つを通り三角形面に垂直な軸のまわりで回転するときの慣性モーメントを求めよ．

(c) 同じく，正三角形の頂点の 1 つと重心を通り，三角形面上にある軸のまわりで回転させるときの慣性モーメントを求めよ．

(d) 上の 3 つの場合のいずれも角速度が ω であるとする．回転エネルギーの大きい順に並べよ．

23-3. 次の各剛体が指定された軸のまわりに角速度 ω で回転しているものとする．すべての剛体の全質量は M とする．これらを回転のエネルギー順に並べよ．

(a) 半径 a の一様な密度の細い円環（中空）の円の中心を通り円環面と垂直な軸のまわりの回転

(b) 半径 a の一様な密度の薄い円板の円の中心を通り円板面と垂直な軸のまわりの回転

(c) 長さ $2a$ の軽い弦で結ばれた質量 $\dfrac{M}{2}$ の 2 個の質点の弦の中点のまわりの回転

例題 24　滑車の回転

図のように，半径 R で質量が M の円環の滑車にかけたひもの両端にそれぞれ質量 m_1, m_2 $(m_1 > m_2)$ のおもりをつけて運動させる．鉛直方向に x 座標をとり，それぞれのおもりの位置を x_1, x_2, 滑車の回転角速度を ω で表すこととする．

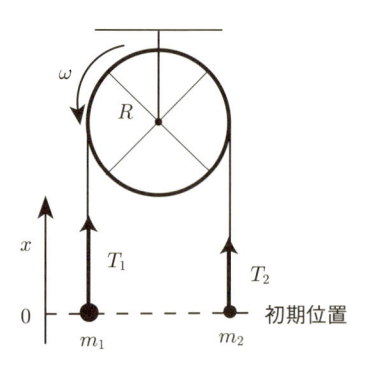

(a) 滑車の軸のまわりの慣性モーメント I を求めよ．
(b) おもりと滑車の運動方程式を導け．
(c) $t=0$ で 2 個のおもりが同じ高さで静止しているとし，その高さを $x=0$ とする．t 秒後のそれぞれのおもりの位置 $x_1(t)$, $x_2(t)$ および滑車の回転角速度 $\omega(t)$ を求めよ．
(d) 時刻 t での系の力学的エネルギーを計算し，力学的エネルギーが保存していることを示せ．
(e) この滑車が円環ではなく，同じ質量 (M) の一様な円板だとするとおもりの落下速度は円環の場合に比べて，速くなるか，遅くなるか．

考え方

質量を持った滑車が回転することにより，滑車の回転の運動方程式を立てて，おもりの方程式と同時に解く．ひもが滑車で滑らないとすると，滑車の回転速度 ω，それぞれのおもりの速度 v_1, v_2 の間に，

$$\omega R = -v_1 = v_2 \tag{7.26}$$

の関係式が成り立つ．このように力学変数の間に一定の関係式がある場合に，これを拘束条件とよぶことがある．

力学的エネルギーではおもりの運動エネルギーと重力による位置エネルギーの他に，滑車の回転運動のエネルギーを考慮する必要がある．

解答

(a) $I = MR^2$.

(b) 鉛直上向きを正に座標系を取る．滑車の回転は図で反時計回りを正とする．ω, v_1, v_2 についての運動方程式は

$$I\frac{d\omega}{dt} = (T_1 - T_2)R \quad (7.27)$$

$$m_1 \frac{dv_1}{dt} = T_1 - m_1 g \quad (7.28)$$

$$m_2 \frac{dv_2}{dt} = T_2 - m_2 g. \quad (7.29)$$

(c) 第2式と第3式の差の両辺に R をかけると，

$$-(m_1 + m_2)R^2 \frac{d\omega}{dt}$$
$$= (T_1 - T_2)R - (m_1 - m_2)gR$$
$$= I\frac{d\omega}{dt} - (m_1 - m_2)gR \quad (7.30)$$

より，

$$\frac{d\omega}{dt} = \frac{(m_1 - m_2)g}{(m_1 + m_2 + M)R} \quad (7.31)$$

となる．おもりの加速度を β とおくと，

$$\beta \equiv a_1 = -a_2 = \frac{m_1 - m_2}{m_1 + m_2 + M} g \quad (7.32)$$

の等加速度運動であることがわかる．

t 秒後の位置と回転速度は

ワンポイント解説

・質量は回転軸から距離 R に集中している．

・滑車に働くトルクは
$N = (T_1 - T_2)R$.

・滑車でひもが滑らない条件
$\omega R = -v_1 = v_2$
を用いて方程式から v_1 と v_2 を消去する．

・g の代わりに β による落下運動と同一．

$$x_1 = -x_2 = -\frac{1}{2}\beta t^2 \qquad (7.33)$$

$$\omega = \frac{\beta}{R} t. \qquad (7.34)$$

(d) おもりの運動エネルギーと重力による位置エネルギー，滑車の回転運動のエネルギーはそれぞれ

$$E_{1\,\text{運動}} = \frac{1}{2} m_1 \beta^2 t^2 \qquad (7.35)$$

$$E_{1\,\text{位置}} = -m_1 g \frac{1}{2} \beta t^2 \qquad (7.36)$$

$$E_{2\,\text{運動}} = \frac{1}{2} m_2 \beta^2 t^2 \qquad (7.37)$$

$$E_{2\,\text{位置}} = +m_2 g \frac{1}{2} \beta t^2 \qquad (7.38)$$

$$E_{\text{回転}} = \frac{1}{2} I \omega^2 = \frac{1}{2} M \beta^2 t^2. \qquad (7.39)$$

これらの和をとると，

$$\begin{aligned} E_{\text{全}} &= \frac{1}{2} \beta t^2 \\ &\times [(m_1 + m_2 + M)\beta - (m_1 - m_2)g] = 0. \end{aligned} \qquad (7.40)$$

$t = 0$ での力学的エネルギーは 0 だったので，力学的エネルギーが保存していることがわかる．

(e) 円板の滑車は慣性モーメントが

$$I = \frac{1}{2} M R^2 \qquad (7.41)$$

となるため，(c) で定義した β が

$$\beta_{\text{円板}} \equiv \frac{m_1 - m_2}{m_1 + m_2 + M/2} g > \beta_{\text{円環}} \qquad (7.42)$$

で与えられる．したがって，円環の場合より加速度が大きいため，早く落下することがわかる．

・t 秒後の速度は βt, 落下距離は $(1/2)\beta t^2$

・質量 M と半径 R が同じなら，慣性モーメントは質量が円周に集中する円環の場合が最大値．

例題 24 の発展問題

24-1. 半径 R, 質量 M の一様な円板状の滑車に巻き付けられた糸にぶらさがった質量 $m = 2M$ のおもりの落下加速度を求めよ．

24-2. 質量が M の滑車の両側に異なるおもりがついていて，静止状態から運動を開始するとする．重い方のおもりが h だけ落下したときの速度がもっとも早いのは次のどの場合か．
  (a) 軸付近が重くてだんだん外側へ行くほど軽くなっている滑車
  (b) 円周の付近が重く，内側が中空になっている滑車
  (c) 円周上の 1 点の付近だけに質量が集中していて，他の部分が軽い滑車

24-3. 半径 R_1 と R_2 の密度が等しく一様な円板が中心でつながってできている二重滑車がある．それぞれの滑車に巻き付いたひもに，それぞれ質量 m_1 と m_2 のおもりを付けて運動させるとき，滑車の回転角加速度を求めよ．

例題 25 剛体振り子

軸が固定された剛体に重力が働いているとする．剛体を重力のつり合いの位置からずらすと重力によるトルクによってつり合いの位置へ向かって回転し，振動運動を行う．

(a) 重力が剛体に与えるトルクは，剛体の全質量が重心に集まったとしたときの重力のトルクに等しいことを示せ．
(b) 剛体のつり合いの位置は，重心 G が軸 O の真下にある位置であることを示せ．
(c) 質量 M で半径 a の金属円環の円周上の一点を固定し，円環面で振動させる．振幅が小さい場合の振動の周期を求めよ．

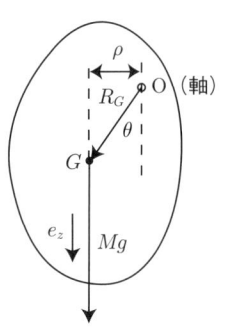

考え方

(a) では，重力が剛体に与えるトルクがあたかも重心に質量 M の質点がある場合のトルクに等しいことが示される．

剛体がつり合いの位置にあるためには，外力の和が 0 であると同時に剛体に加わる全トルクが 0 でなければならない．剛体にかかる全トルクが 0 でない場合には，剛体はトルクを減らす方向へ回転する．重力によるトルクは重心にかかる重力の作用線が軸の位置を通れば 0 となり，つり合いの条件を満たす．

つり合いの位置にない場合には，剛体は軸のまわりで振動運動をする．つり合いの位置からの振動角を θ，軸から重心までの距離を R_G，軸のまわりの慣性モーメントを I とすると振動の方程式は

$$I\frac{d^2\theta}{dt^2} = N = -MgR_G \sin\theta \tag{7.43}$$

で与えられる．これは，$\ell = \dfrac{I}{MR_G}$ とおくと，長さ ℓ の弦につながれた質量 M のおもりの振り子の方程式と同一の形である．このように，振り子運動をする剛体を剛体振り子とよぶことがある．

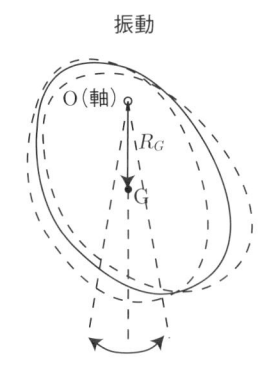

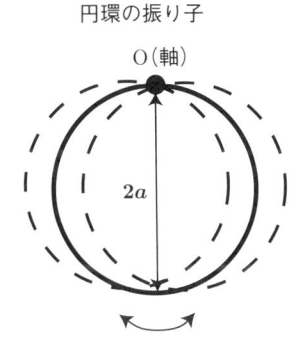

解答

(a) O のまわりのトルクは，鉛直下向きの単位ベクトルを e_z とすると

$$N = \sum_i r_i \times F_i = \sum_i r_i \times m_i g\, e_z$$
$$= R_G \times (Mg e_z). \tag{7.44}$$

すなわち，全質量 M が重心に集まったときの重力のトルクに等しい．重心にかかる重力の作用線と軸との距離を ρ_G とすると，トルクの大きさは

$$N = Mg\rho_G. \tag{7.45}$$

(b) 重力のトルクを 0 にするには $\rho_G = 0$，すなわち，重心 G に働く重力の作用線が軸 O を通ることが必要条件である．したがって，G が O の真下にあるときに剛体はつり合う．G が O の真上にある場合もこの条件を満たすが，その点は明らかに不安定なつり合いの位置である．

(c) 円環の慣性モーメントは重心を通る軸のまわりで

ワンポイント解説

・重心の座標は
$$R_G = \frac{1}{M} \sum_i m_i r_i$$

$$I_G = Ma^2. \tag{7.46}$$

ここで考える軸は重心から $R_G = a$ だけ離れた位置にあるので，慣性モーメントは平行軸の公式 (7.19) を用いて，

$$I = I_G + Ma^2 = 2Ma^2. \tag{7.47}$$

重力によるトルクは，ふれ角度が θ のとき，

$$N = Mga\sin\theta. \tag{7.48}$$

したがって，運動方程式は

$$\frac{d^2\theta}{dt^2} = -\frac{g}{2a}\sin\theta \tag{7.49}$$

となり，振幅が小さい振動 ($\sin\theta \sim \theta$) では，周期

$$T = 2\pi\sqrt{\frac{2a}{g}} \tag{7.50}$$

の単振動，すなわち，弦の長さ $2a$ の振り子と同じ振動を行う．

・剛体振り子の周期は剛体の質量にはよらないが，形状や軸の位置によって変わる．

例題 25 の発展問題

25-1. 半径 R の一様な円板の中心から a の点を固定して，剛体振り子として円板面で振動させたときの周期を求めよ．

25-2. 例題 25 で軸が固定されていなければ，重力がかかっても剛体はそのまま回転せずに落下するだけである．軸が固定されているときだけトルクが働くのはなぜか．

25-3. 密度が一様でない棒の 1 点に糸を付けてつるして，棒が水平に保たれるようにするには糸をどこに付ければいいか．

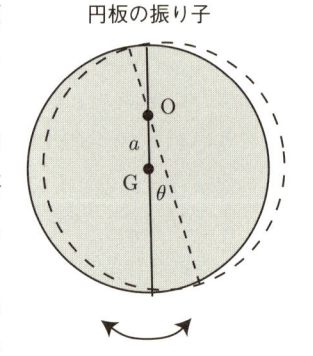

円板の振り子

重要度
★★★

8 剛体の並進と回転運動

―《 内容のまとめ 》―

　この章では，剛体の一般的な運動を考える．一般に剛体の運動は，重心の並進運動（向きを変えない移動）と重心のまわりの回転運動の合成として表すことができる．

　前章と同様に，総質量 M の剛体を微小質量 m_i を持つ部分の和で表す．微小質量 m_i の位置座標 r_i を全系の重心の座標 R_G と重心を原点とする座標 ξ_i の和で，$r_i = R_G + \xi_i$ と表す．同じく，対応する微小部分の速度を $v_i = V_G + u_i$ と表すと，

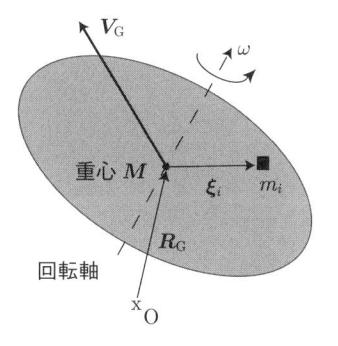

$$\sum_i m_i = M \tag{8.1}$$

$$\sum_i m_i \xi_i = \sum_i m_i (r_i - R_G) = MR_G - MR_G = 0 \tag{8.2}$$

$$\sum_i m_i u_i = \sum_i m_i (v_i - V_G) = MV_G - MV_G = 0 \tag{8.3}$$

が成り立つ．原点 O のまわりの角運動量は，微小部分の角運動量の和

$$\begin{aligned}L &= \sum_i m_i r_i \times v_i \\ &= \sum_i m_i \left(R_G \times V_G + \xi_i \times V_G + R_G \times u_i + \xi_i \times u_i \right)\end{aligned}$$

$$= M\bm{R}_G \times \bm{V}_G + \sum_i m_i \bm{\xi}_i \times \bm{u}_i = \bm{L}_G + \sum_i \bm{L}_i \tag{8.4}$$

で与えられる．第 1 項は，O のまわりの重心運動による角運動量で，重心に全質量が集まったとして得られる角運動量である．第 2 項は重心のまわりの剛体回転の角運動量に相当する．

同じく，全系の運動エネルギーは

$$E = \sum_i \frac{1}{2} m_i v_i^2 = \frac{1}{2} M \bm{V}_G^2 + \frac{1}{2} \sum_i m_i \bm{u}_i^2 = E_G + \sum_i E_i \tag{8.5}$$

となり，角運動量同様に，質量 M を持つ重心運動と重心のまわりの剛体回転エネルギーの和となる．

重心を通る回転軸の方向が一定で角速度ベクトルが $\bm{\omega}$ で与えられるの回転の場合には

$$\bm{u}_i = \bm{\omega} \times \bm{\xi}_i \tag{8.6}$$

$$\bm{L} = M\bm{R}_G \times \bm{V}_G + I\bm{\omega} = \bm{L}_G + I\bm{\omega} \tag{8.7}$$

$$E = \frac{1}{2} M \bm{V}_G^2 + \frac{1}{2} I \bm{\omega}^2 \tag{8.8}$$

となる．

このように，剛体の運動はあたかも重心に外力の和とすべての質量が集中しているかのように記述される並進運動と，重心のまわりの回転運動の組合せで記述できることがわかる．並進運動は運動方程式

$$\bm{F}_{\text{外力}} = M\bm{a}_G \tag{8.9}$$

で決まる加速度を持つ．外力による重心のまわりのトルクを $\bm{N}$ とすると，

$$\bm{N} = \frac{d}{dt} \sum_i \bm{L}_i = I \frac{d\bm{\omega}}{dt} \tag{8.10}$$

を満たす．

例題 26　転がり落ちる剛体

質量 M，重心のまわりの慣性モーメント I で半径 a の円盤状の剛体が斜面を転がり落ちる．剛体が転がるときに斜面上で滑らないとすると，摩擦力によるエネルギー損失がないので，力学的エネルギーが保存する．

(a) 静止した状態から転がり始めて，高さ h だけ転がり落ちたときの剛体の速度と回転速度を求めよ．
(b) 同じ斜面を質点が摩擦なしで滑り落ちる場合に比べて，到達点での速度が遅いのはどのような力が働いたためか．

考え方

剛体が斜面上を転がるためには，摩擦力が働かなければならないことに注意しよう．もし，摩擦のないなめらかな斜面であれば，剛体は転がることなくそのまま滑り落ちることになる．摩擦力は，回転を促す方向に働く．すなわち，下向きに転がる場合は，摩擦力は斜面に沿って上向きに働く．重心の斜面に沿った運動もこの摩擦力の影響を受けることがわかる．

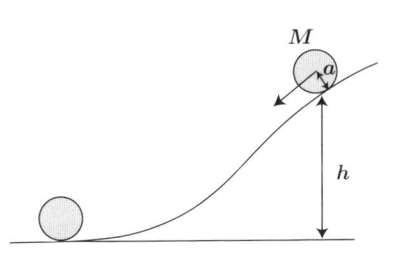

剛体が斜面表面で滑らないと仮定すると，摩擦力は剛体に仕事を与えないので，エネルギーを減らさないことに注意しよう．

解答

(a) 運動エネルギーと位置エネルギーは

$$E = \frac{1}{2}Mv^2 + \frac{1}{2}I_G\omega^2 - Mgh$$
$$= \frac{1}{2}(Ma^2 + I)\omega^2 - Mgh. \quad (8.11)$$

初期状態では $E = 0$ だから，力学的エネルギーの保存を用いて，

ワンポイント解説

・円板の速度 v と回転速度 ω の間の関係 $\omega a = v$ を用いる．

$$v = \omega a = \sqrt{2\beta h} \qquad (8.12)$$

$$\beta \equiv \frac{Ma^2}{Ma^2 + I} g. \qquad (8.13)$$

(b) 摩擦なしで滑る質点の速度は

$$v = \sqrt{2gh}. \qquad (8.14)$$

したがって，I が 0 でない剛体が転がる場合の加速度は

$$g \longrightarrow \beta = \left(1 - \frac{I}{Ma^2 + I}\right)g \qquad (8.15)$$

・$I = 0$ なら
$\beta = g$ である．

と置き換える分だけ小さくなることがわかる．

重心運動の方程式は外力の和で表されるので，斜面の傾斜角を θ，斜面方向の速度を v ととれば，

$$M\frac{dv}{dt} = Mg\sin\theta - f \qquad (8.16)$$

と書ける．ここで，f は斜面に沿った上向きの摩擦力を表す．剛体回転による加速度の減少分は大きさ

$$f = Mg\sin\theta \frac{I}{Ma^2 + I} \qquad (8.17)$$

の摩擦力に対応することがわかる．

例題 26 の発展問題

26-1. 斜面を転がる一様な密度の球と，一様な密度の円柱ではどちらの加速度が大きいか．

26-2. 斜面を転がる剛体の運動を斜面に接している点のまわりでの回転運動と見なして，回転の加速度を求めよ．

例題 27 ヨーヨーの運動

質量 M, 慣性モーメント I の円盤状のヨーヨーを考える. ひもは半径 R の円周に巻き付いているとする.

(a) ヨーヨーの重心座標と回転それぞれの運動方程式を求めよ.
(b) $t=0$ での位置を $x=0$, 速度を $v=0$ として, 運動方程式を解け.
(c) ヨーヨーの力学的エネルギーの保存則を用いて, ヨーヨーが h だけ降下したときの落下速度を求めよ.

考え方

ヨーヨーの運動を重心(円の中心)の運動とそのまわりの回転の組合せで考える. ヨーヨーにかかる外力は, 重力 Mg とひもの張力 T である. 鉛直下向きを座標の正方向にとると, 外力の総和は $Mg - T$ となる. 外力による重心のまわりのトルクは $N = TR$.

ヨーヨーの力学的エネルギーは重心の運動エネルギー, 回転の運動エネルギー, 重力による位置エネルギーの和である.

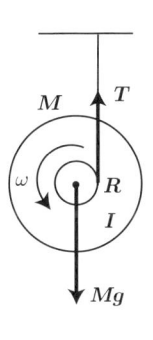

解答

(a) 運動方程式は

$$M\frac{dv}{dt} = Mg - T \quad (8.18)$$

$$I\frac{d\omega}{dt} = TR. \quad (8.19)$$

(b) 重心の速度と回転速度の関係 $v = R\omega$ を用いて, 上の 2 式を解くと

$$\frac{dv}{dt} = \frac{MR^2}{MR^2 + I}g \equiv \beta \quad (8.20)$$

の等加速度運動となる. したがって, t 秒後のヨーヨーの降下速度と距離は

ワンポイント解説

・角運動量は $L = I\omega$.

$$v(t) = R\omega(t) = \beta t \tag{8.21}$$

$$x(t) = \frac{1}{2}\beta t^2. \tag{8.22}$$

(c) 降下距離が h のとき，降下速度を v とすると，力学的エネルギーは

$$E = \frac{1}{2}Mv^2 + \frac{1}{2}I\frac{v^2}{R^2} - Mgh. \tag{8.23}$$

よって，

$$E = \frac{1}{2\beta}Mv^2 - Mgh. \tag{8.24}$$

・$t = 0$ ではエネルギーは $E = 0$.

エネルギーの保存則より，

$$v = \sqrt{2\beta h}. \tag{8.25}$$

自由落下よりゆっくりと落下することがわかる．

例題 27 の発展問題

27-1. ヨーヨーがゆっくり降下するようにしたい場合，どういう工夫が可能か？

例題 28　こまの歳差運動

　こまは，自転しながら，その軸がまた回転する歳差運動とよばれる運動を行う．こまの運動を角運動量を用いて調べてみよう．与えられたこまは，平面上の点 O に自転軸の一端が静止していて，自転軸のまわりの慣性モーメント I で，角速度 ω で回転しているとする．

(a) こまの自転を表す角運動量 $\boldsymbol{L}$ を求めよ．

(b) こまの軸が鉛直方向に対して角度 α だけ傾いているとする．重力が働くとこまを倒そうとする．重力がこまに与える O 点のまわりのトルク $\boldsymbol{N}$ を求めよ．

(c) $\boldsymbol{L}$ の時間的変化を求め，それに伴ってこまの歳差運動の周期とこまの自転との関係を調べよ．

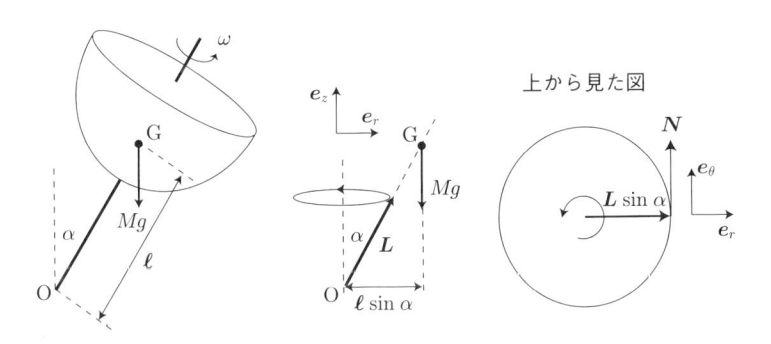

考え方

　O を原点，鉛直上方を z 軸，xy 平面上に O を中心とする極座標系をとり，自転軸方向の単位ベクトルが $\boldsymbol{e}_\text{軸} = \cos\alpha\, \boldsymbol{e}_z + \sin\alpha\, \boldsymbol{e}_r$ と表されるとしよう．こまの自転の角運動量 $\boldsymbol{L}$ と重力がこまに与えるトルク $\boldsymbol{N}$ はそれぞれ

$$\boldsymbol{L} = I\omega \boldsymbol{e}_\text{軸} \tag{8.26}$$

$$\boldsymbol{N} = Mg\ell \sin\alpha\, \boldsymbol{e}_\theta \tag{8.27}$$

となって互いに直交するので，（たとえば，円運動のときの向心力と速度との関係と同様であることを考えると）$\boldsymbol{L}$ は大きさは変えずに向きだけ

を変えながら，θ 方向に回転することになる．これに伴って，回転しているコマの自転軸も O を通る鉛直線のまわりでゆっくり回転する．これを歳差運動とよぶ．

解答

(a) こまの自転を表す角運動量は

$$\boldsymbol{L} = I\omega\, \boldsymbol{e}_\text{軸}. \tag{8.28}$$

(b) こまが傾く ($\alpha \neq 0$) と O 点のまわりにこまを倒そうとするようにトルクが生じる．例題 25(a) で示したように，剛体に対する重力によるトルクは重心に全重力が集まっている場合のトルクに等しい．作用線が O から $\ell\sin\alpha$ だけ離れるので，

$$\boldsymbol{N} = Mg\ell\sin\alpha\, \boldsymbol{e}_\theta. \tag{8.29}$$

(c) トルクはこまの自転軸に垂直なので，自転の角速度 ω は変化しない．したがって，$\boldsymbol{e}_\text{軸}$ は一般に α が時間の関数である場合のほか，$\boldsymbol{e}_r$ を通して時間に依存する．$\boldsymbol{e}_r$ の時間微分を用いて

$$\frac{d\boldsymbol{L}}{dt} = I\omega\left[\sin\alpha\dot\theta\, \boldsymbol{e}_\theta + \dot\alpha(\sin\alpha\boldsymbol{e}_z - \cos\alpha\boldsymbol{e}_r)\right]. \tag{8.30}$$

これが $\boldsymbol{N}$ に等しいという条件から，$\dot\alpha = 0$ でなければならない．すなわち，軸の傾き α は変化しない．$\boldsymbol{N}$ と $\dfrac{d\boldsymbol{L}}{dt}$ の $\boldsymbol{e}_\theta$ 成分が等しいことから，歳差運動の角速度は

$$\Omega \equiv \dot\theta = \frac{Mg\ell}{I\omega} \tag{8.31}$$

ワンポイント解説

・$\boldsymbol{e}_r$ の時間微分は $\dot\theta \boldsymbol{e}_\theta$．

・$\boldsymbol{L}$ が $\boldsymbol{N}$ がと垂直であるため，傾き α は時間に依存しないことがわかる．

まとめ

　こまの歳差運動は，こまを倒そうとする向きに働く重力が，こまの自転軸の向きを変えさせるトルクとして働くという仕組みで起こる．同じように，重力でなくても，自転している剛体に自転軸の向きを変えようとする力を加えると，加えた力とは垂直な方向へ自転軸が回転する．

例題 28 の発展問題

28-1. (a) こまの自転の回転の向きと歳差運動の向きにはどのような関係があるか？

(b) こまの歳差運動を遅くするにはどのようなこまを作ればよいか．

28-2. 実際のこまの回転では，軸の傾き α が次第に大きくなって，最後には倒れてしまうのはなぜか．

重要度
★★

9 座標変換と見かけの力

―――《 内容のまとめ 》―――

　力学（物理学）では，問題に応じて便利な座標系を設定して，運動方程式を書いて運動を記述することで，その意味がわかりやすくなることが多い．しかし，座標系の取り方は本来任意であり，物体の物理的な運動が座標系の取り方にはよって変わることはない．したがって，ニュートンの法則に代表される基本法則は，座標系の取り方によらない形で表されることが要求される．実際に，次のように座標の取り方を変更しても，ニュートンの運動方程式は同じ形で表される．

(1) 時間の原点を移動：$t=0$ の取り方を変えても物理法則は変わらない．
(2) 座標の原点を移動：原点 O を移動しても物理法則は変わらない．
(3) 座標の 3 次元回転：原点 O のまわりの任意の座標回転を行っても物理法則は変わらない．

　このように，座標の取り方を変えることを一般に座標変換とよぶ．座標変換に対する物理法則，とりわけ基本法則の不変性は，現代物理学にとってもっとも重要な概念である．上にあげた座標変換に対する不変性以外に，ニュートンの運動方程式は次の変換に対しても不変である．

(4) [ガリレイ変換] 座標の原点を等速度で移動してもニュートンの運動方程式は不変である．具体的に座標系 $O(x,y,z)$ に対して一定速度 $\bm{V}=(V_x, V_y, V_z)$ で座標原点を平行移動させて得られる座標系 $O'(x',y',z')$ を考えると，変換は

$$x' = x - V_x t; \quad y' = y - V_y t; \quad z' = z - V_z t \tag{9.1}$$

と表される．逆に座標系 O′ から見ると座標系 O は速度 $-\boldsymbol{V}$ で運動している[1]．

慣性の法則

質点に働く力の総和が 0 ならば，質点は等速直線運動（静止したままも含む）する．すなわち加速度が 0 である．

慣性の法則は「力が働いていない質点が加速度を持たないような座標系（慣性座標系または慣性系）が存在する」ことを主張している．慣性系の存在は自明ではない．しかし，1つでも慣性系が存在すれば，その慣性系に対して等速度で平行移動する座標系はまた慣性系である．すなわち，慣性系は1つ存在すれば無限に多く存在する．

このように，ニュートンの運動法則はすべての慣性座標系で成り立つ強力な基本法則であるが，慣性系に対して加速度を持って運動している座標系では成り立たない．たとえば，加速している電車の中では，天井からつるしたおもりは見かけの力が働いて鉛直下方ではなく斜め方向を向く．

加速度系と慣性力

ところが，慣性座標系から見て加速度運動をしているような加速度座標系（加速度系）を用いて運動を記述すると便利なことがある．加速度系では運動方程式はそのままでは成り立たないが，見かけの力を取り入れることにより，ニュートンの運動法則を適用できる．このような，加速度系で必要な見かけの力を慣性力とよぶ．

慣性系 O に対して，加速度 $\boldsymbol{\beta}$ で運動している座標系 O′ をとる．簡単のために，x 軸の正の向きの $\boldsymbol{\beta} = (\beta, 0, 0)$ を仮定すると，O′ 系での観測者は

$$a'_x = a_x - \beta \tag{9.2}$$

$$v'_x = v_x - \beta t \tag{9.3}$$

---

[1] ガリレイ変換に対する物理法則の不変性は V が光の速さ c より十分小さい場合にしか成り立たないことが，20世紀の初頭に明らかになった．20世紀以降の物理法則は，ガリレイ変換を修正したローレンツ変換とよばれる不変性に基づいている．ニュートンの法則は，アインシュタインによる相対性理論として新しい法則に生まれ変わった．

$$x' = x - \frac{1}{2}\beta t^2. \tag{9.4}$$

これを用いて，慣性系で成り立つ運動方程式 $F_x = ma_x$ に対して

$$F_x = ma_x = ma'_x + m\beta \tag{9.5}$$

$$F_x + F_x(\text{見かけ}) = ma'_x \tag{9.6}$$

$$F_x(\text{見かけ}) = -m\beta \tag{9.7}$$

となり，(物体の質量に比例する見かけの力) = (慣性力) が加わっているように見える．

例 (1) メリーゴーランド：(慣性座標系である) 地上に静止している観測者から見ると，メリーゴーランドに乗っている人は加速度運動をしている．メリーゴーランド上で静止しているような座標系は加速度系である．この系では，すべての質点に外向きの見かけの力「遠心力」が働いているように見える．遠心力は慣性力である．

例 (2) 自由落下するエレベータ：ワイヤが切れて自由落下しているエレベータの室内に固定した座標系は地上に対して加速度運動する加速度系である．室内では，慣性力として重力を打ち消す上向きの力が働き，無重力状態となる (危険なので実験してはいけません)．

例 (3) 宇宙ステーションに対して静止している座標系：宇宙ステーションは地球の周りを回転しているが，内部は無重力状態である．地球からの重力が働いているはずなのに，なぜだろうか．

上記の (2), (3) の場合に，「無重力」が実現するためには，ニュートン方程式に出てくる質量（慣性質量）と万有引力に出てくる質量（重力質量）が一致（あるいは比例）していなければならない．

慣性座標系 S(x, y) に対して，S系の原点のまわりを xy 平面内で角速度 ω で回転する座標系 S′ (x', y') においては，遠心力とコリオリ力の2種類の慣性力が働く．コリオリ力は慣性系に対して回転している座標系における見かけの力で，物体の速度 v に比例し，速度と垂直な方向に働く．北半球では大砲の砲弾が直進せずに右にそれる現象として，古くから知られている．

例題 29　ガリレイ変換と散乱問題

(a) ガリレイ変換の前後において，ニュートンの運動方程式 $\boldsymbol{F} = m\boldsymbol{a}$ は不変であることを示せ．

(b) 質量 m_1 の質点が運動量 $\boldsymbol{p}_1$ で入射して，静止している質量 m_2 の質点に衝突し，衝突後にそれぞれ運動量 $\boldsymbol{q}_1$, $\boldsymbol{q}_2$ で飛び去る散乱問題を考える．この現象を，2 質点の重心が静止している座標系（重心系 G）で記述し，ガリレイ変換を用いて実験室系 (L) での散乱後の運動量の一般解を求めよ．

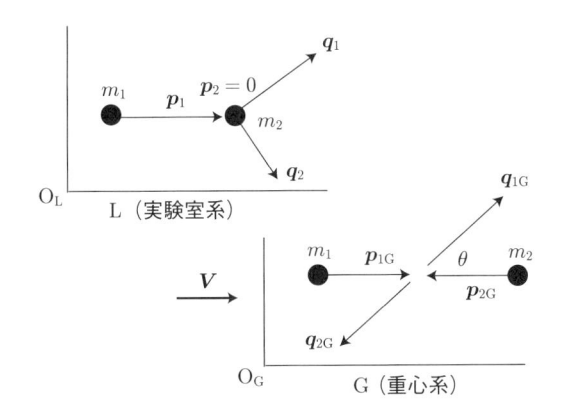

(c) 散乱過程で運動エネルギーが保存する場合には，$\boldsymbol{q}_1 \perp \boldsymbol{q}_2$ であることを示せ．

考え方

ニュートンの運動方程式は，力と加速度の関係を与える．加速度が座標変換でどのように変換されるかを調べることで，不変性が明らかになる．

外力が働いていない多粒子系の重心座標は等速直線運動となる．ガリレイ変換を用いると，重心が静止しているような慣性座標系（これを重心系とよぶ）へ変換することができる．

2 質点の重心

$$\boldsymbol{R}_G = \frac{m_1 \boldsymbol{r}_1 + m_2 \boldsymbol{r}_2}{m_1 + m_2} \tag{9.8}$$

が静止した重心系での速度と運動量に添え字 G をつけて表すことにすると

$$\boldsymbol{p}_{1G} = -\boldsymbol{p}_{2G} \tag{9.9}$$

が成り立つ．散乱の前後で運動量が保存することを用いると，散乱後の重心系の運動量も

$$\boldsymbol{q}_{1G} = -\boldsymbol{q}_{2G} \tag{9.10}$$

を満たす．

さらに，運動エネルギーが保存する散乱（弾性散乱とよぶ）では，重心系の運動量の大きさも散乱前後で等しくなる．

‖解答‖

(a) ガリレイ変換後の座標系 O' では，粒子の速度 $\boldsymbol{v}$ や加速度 $\boldsymbol{a}$ は

$$\boldsymbol{v}' = \boldsymbol{v} - \boldsymbol{V} \quad \text{および} \quad \boldsymbol{a}' = \boldsymbol{a} \tag{9.11}$$

と変換される．さらに，加わる力 $\boldsymbol{F}$ はガリレイ変換によらないので，力と加速度の関係を表すニュートンの運動方程式 $\boldsymbol{F} = m\boldsymbol{a} = m\boldsymbol{a}'$ はガリレイ変換によって不変である．

(b) 一般性を失わずに，入射粒子の運動量の方向を x 軸方向にとる：$\boldsymbol{p}_1 = (p_1, 0, 0)$．重心系 (G) の原点 ($= \mathrm{O_G}$) は実験室系 (L) の観測者から見ると速度

$$\boldsymbol{V} = \frac{\boldsymbol{p}_1}{m_1 + m_2} \tag{9.12}$$

で運動しているので，ガリレイ変換を用いて

$$\boldsymbol{p}_{1G} = -\boldsymbol{p}_{2G} = (p, 0, 0) \tag{9.13}$$

ただし $p \equiv \dfrac{m_2}{m_1 + m_2} p_1$．

ワンポイント解説

・L 系と G 系の座標と速度の関係は $\boldsymbol{v}_G = \boldsymbol{v} - \boldsymbol{V}$．

散乱後の重心系の運動量が xy 平面上にあるとすると，

$$\boldsymbol{q}_{1G} = -\boldsymbol{q}_{2G} = (q\cos\theta, q\sin\theta, 0) \quad (9.14)$$

と表すことができる．θ を散乱角とよぶ．ガリレイ変換を用いて，L 系の散乱後の運動量は一般に

$$\boldsymbol{q}_1 = (q\cos\theta + p, q\sin\theta, 0)$$
$$\boldsymbol{q}_2 = (-q\cos\theta + p, -q\sin\theta, 0) \quad (9.15)$$

と書くことができる．

(c) 重心系での散乱に，運動エネルギーの保存則を適用すると，

$$\frac{1}{2m_1}\boldsymbol{p}_{1G}^2 + \frac{1}{2m_2}\boldsymbol{p}_{2G}^2 = \frac{1}{2m_1}\boldsymbol{q}_{1G}^2 + \frac{1}{2m_2}\boldsymbol{q}_{2G}^2. \quad (9.16)$$

これより

$$\boldsymbol{p}_{1G}^2 = \boldsymbol{q}_{1G}^2. \quad (9.17)$$

したがって，重心系では散乱前後の運動量の大きさは等しい．すなわち弾性散乱では $q = p$ であることがわかる．これを用いると，$\boldsymbol{q}_1 \cdot \boldsymbol{q}_2 = 0$，すなわち $\boldsymbol{q}_1$ と $\boldsymbol{q}_2$ が直交していることがわかる．

・一般に，
$\frac{1}{2}m\boldsymbol{v}^2 = \frac{\boldsymbol{p}^2}{2m}$.

例題 29 の発展問題

29-1. 2 個の質点の弾性散乱において，実験室系で静止している標的である質点 2 の散乱後の運動エネルギーが最大になるのはどのような場合か．

29-2. 水平面上においたバネ定数 k のバネを，自然長から ℓ だけ縮めてから，その両端に質量がそれぞれ m_1, m_2 の質点をバネからは離れることができるように接触させて手で固定する．静かに手を離すと，バネが伸びて

質点が運動を始め，バネが自然長になるとバネから離れて運動する．それぞれの質点の速度を求めよ．バネの質量は無視できるものとする．

29-3. 水平面上に質量 m の鉄球を n 個直線上に隙間無く並べて置く．同じ質量の鉄球のその一端に速度 v で正面衝突させると，これらの鉄球はどのような運動をするか？

例題 30　回転系での慣性力

慣性座標系 O(x,y) に対して，O 系の原点のまわりを $x-y$ 平面内で角速度 ω で回転する座標系 O$_R$ (x_R, y_R) における慣性力を求めよう．ここでは $z=0$ の平面上での運動のみを考えることにする．

座標変換

$$\begin{pmatrix} x(t) \\ y(t) \end{pmatrix} = \begin{pmatrix} \cos\omega t & -\sin\omega t \\ \sin\omega t & \cos\omega t \end{pmatrix} \begin{pmatrix} x_R(t) \\ y_R(t) \end{pmatrix} \tag{9.18}$$

を簡潔に次の行列形式で表す．

$$\boldsymbol{r}(t) = R(t)\,\boldsymbol{r}_R(t) \tag{9.19}$$

$$\boldsymbol{r}(t) = \begin{pmatrix} x(t) \\ y(t) \end{pmatrix}, \qquad \boldsymbol{r}_R(t) = \begin{pmatrix} x_R(t) \\ y_R(t) \end{pmatrix}$$

$$R(t) = \begin{pmatrix} \cos\omega t & -\sin\omega t \\ \sin\omega t & \cos\omega t \end{pmatrix}. \tag{9.20}$$

(a) O$_R$ 系での慣性力が

$$\boldsymbol{F}_R(\text{見かけ}) = m\omega^2 \boldsymbol{r}_R - 2m\omega P \boldsymbol{v}_R \tag{9.21}$$

$$P = \begin{pmatrix} 0 & -1 \\ 1 & 0 \end{pmatrix}$$

で与えられることを示し，それぞれの項の意味を考察せよ．$\boldsymbol{v}_R$ は O$_R$ 系での速度を表す．

(b) 回転座標系の z 軸まわりの角速度を $\boldsymbol{\omega} = \omega \boldsymbol{e}_z$ ととると，式 (9.21) の第 2 項は

$$\boldsymbol{F}^{\text{cor}} = -2m\boldsymbol{\omega} \times \boldsymbol{v}_R \tag{9.22}$$

で与えられることを示せ．

(c) 低気圧に風が吹き込む際，風が低気圧の中心向きではなく（北半球では）右にそれるのはなぜか．

考え方

座標変換の定義を用いて，O系における質点の加速度を O_R 系の座標を用いて書き表すことにより慣性力を求める．行列を用いた変換の定義では，$R(t)$ の時間微分に関する

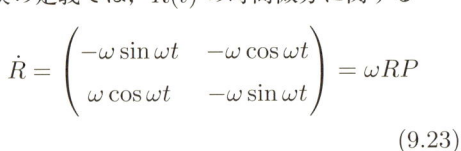

$$\dot{R} = \begin{pmatrix} -\omega \sin\omega t & -\omega \cos\omega t \\ \omega \cos\omega t & -\omega \sin\omega t \end{pmatrix} = \omega R P \tag{9.23}$$

$$\ddot{R} = -\omega^2 R \tag{9.24}$$

を用いるとよい．

解答

(a) 式 (9.19) を時間で2回微分して，O系における質点の加速度を O_R 系の座標を用いて表す．

$$\ddot{\boldsymbol{r}} = R\ddot{\boldsymbol{r}}_R + 2\dot{R}\dot{\boldsymbol{r}}_R + \ddot{R}\boldsymbol{r}_R. \tag{9.25}$$

それぞれの項に，慣性系での加速度 $\boldsymbol{a}$ および回転系での速度 $\boldsymbol{v}_R$ および加速度 $\boldsymbol{a}_R$ を代入し，上で与えた R の時間微分の式を用いると

$$\boldsymbol{a} = R\boldsymbol{a}_R + 2\dot{R}\boldsymbol{v}_R - \omega^2 R \boldsymbol{r}_R. \tag{9.26}$$

両辺に左から mR^{-1} をかけて，慣性系での運動方程式 $\boldsymbol{F} = m\boldsymbol{a}$ を代入すると

$$R^{-1}m\boldsymbol{a} = R^{-1}\boldsymbol{F}$$
$$= m\boldsymbol{a}_R + 2m\omega P\boldsymbol{v}_R - m\omega^2 \boldsymbol{r}_R. \tag{9.27}$$

したがって，回転座標系での運動方程式は

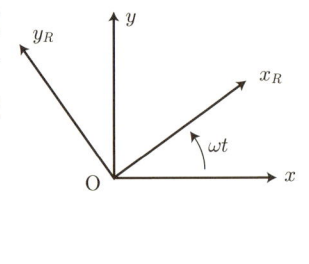

ワンポイント解説

・$R(t)$ が時間に依存することに注意

・R^{-1} は $R(t)$ の逆行列を表し，慣性系のベクトルを回転座標系で見たベクトルに変換する行列である．

$$\boldsymbol{F}_R = m\boldsymbol{a}_R = R^{-1}\boldsymbol{F} + m\omega^2 \boldsymbol{r}_R - 2m\omega P\boldsymbol{v}_R. \tag{9.28}$$

右辺の第一項は,慣性系で働いていた力を回転座標系で見たものである.見かけの力は第二項と第三項で,

$$\boldsymbol{F}_R(\text{見かけ}) = m\omega^2 \boldsymbol{r}_R - 2m\omega P\boldsymbol{v}_R \tag{9.29}$$

第二項,$m\omega^2 \boldsymbol{r}_R$ は遠心力を表し,回転系では,中心から外向きに回転角速度の二乗に比例する見かけの力が働く.

第三項は,質点の速度による力でコリオリ力とよばれる.行列 P を用いて x,y 成分はそれぞれ

$$F_x^{\text{cor}} = 2m\omega v_{Ry}$$
$$F_y^{\text{cor}} = -2m\omega v_{Rx} \tag{9.30}$$

で与えられ,$\boldsymbol{F}^{\text{cor}} \perp \boldsymbol{v}_R$ を満たすので,コリオリ力は質点の(回転座標系での)速度と直交していることがわかる.すなわち,直進しようとする質点を曲げるように働く.

(b) $-2m\boldsymbol{\omega}\times\boldsymbol{v}_R$ は式 (9.30) と一致することが容易にわかる.

(c) 空気は低気圧の中心へ向かう力を受けて吹き込むが,コリオリ力のため,まっすぐではなく右にそれる.

例題30の発展問題

30-1. 地球上の1点に固定した座標系は地球の自転に伴って回転する．地球上で振り子を振動させると，地球の自転と共に振り子の振動面が回転することを示せ．[フーコーの振り子]

30-2. 水平な台におもりをおいて静止させておく．台の高さを上下に $h\sin\omega t$ のように振動させる．おもりが台から離れるのはどのような場合か．

30-3. 宇宙ステーションは地球からの万有引力を受けて楕円運動をしている．宇宙ステーションの内部は無重力状態である．地球からの重力が働いているはずなのに，なぜか．

重要度 ★★★

A テイラー展開

　物理では，しばしば変数やパラメータが小さい範囲で変化する場合の物理量の変化や，近似的な解が必要な場合がある．そのときに，良く使われるのが，関数を変数でテイラー展開してその一部をとる方法である．一般に x の関数 $f(x)$ が $x=0$ で無限回微分可能（正則）な場合に，$x=0$ のまわりでのテイラー展開を考える．$f(x)$ の微分の定義

$$f'(0) = \lim_{h \to 0} \frac{f(h) - f(0)}{h}$$

を用いると，h が小さいときには

$$f(h) \sim f(0) + h f'(0) \tag{A.1}$$

と近似できることがわかる．これを一般化すると $f(x)$ を無限級数で表すテイラー展開が得られる．

$$f(x) = \sum_{n=0}^{\infty} \frac{f^{(n)}(0)}{n!} x^n = f(0) + x f'(0) + \frac{f''(0)}{2!} x^2 + \ldots \tag{A.2}$$

$$f^{(n)}(x) = \frac{d^n f(x)}{dx^n} \quad \text{は } n \text{ 階微分係数}$$

次にいくつかの具体的なテイラー展開を示す．

$$f(x) = (1+x)^a, \quad f'(x) = a(1+x)^{a-1} \ldots \quad \text{より}$$

$$(1+x)^a = \sum_{n=0}^{\infty} \frac{(a)_n}{n!} x^n = 1 + ax + \frac{a(a-1)}{2} x^2 + \ldots \tag{A.3}$$

ここで $(a)_n \equiv a(a-1)(a-2) \cdots (a-n+1)$

$$\frac{1}{1-x} = \sum_{n=0}^{\infty} x^n = 1 + x + x^2 + \dots \text{(等比級数の和)} \tag{A.4}$$

$$f(x) = e^x, \quad f'(x) = e^x \dots$$

$$e^x = \sum_{n=0}^{\infty} \frac{x^n}{n!} = 1 + x + \frac{x^2}{2} + \frac{x^3}{6} + \dots \tag{A.5}$$

$$f(x) = \sin x; f'(x) = \cos x; f''(x) = -\sin x \dots$$

$$\sin x = \sum_{n=0}^{\infty} (-1)^n \frac{x^{2n+1}}{(2n+1)!} = x - \frac{x^3}{6} + \frac{x^5}{120} + \dots \tag{A.6}$$

$$f(x) = \cos x; \quad f'(x) = -\sin x; \quad f''(x) = -\cos x \dots$$

$$\cos x = \sum_{n=0}^{\infty} (-1)^n \frac{x^{2n}}{(2n)!} = 1 - \frac{x^2}{2} + \frac{x^4}{24} + \dots \tag{A.7}$$

これらの関係式を複素数に拡張することにより，オイラーの公式

$$e^{ix} = \sum_{n=0}^{\infty} \frac{(ix)^n}{n!} = 1 + ix - \frac{x^2}{2} - i\frac{x^3}{6} + \dots = \cos x + i \sin x \tag{A.8}$$

$$e^{(x+iy)} = e^x e^{iy} = e^x (\cos y + i \sin y) \qquad (x, y \text{ は実数}) \tag{A.9}$$

が得られる．

下図に e^x と $\sin x$ のテイラー展開の3項目までの和と元の関数の比較を図示した．

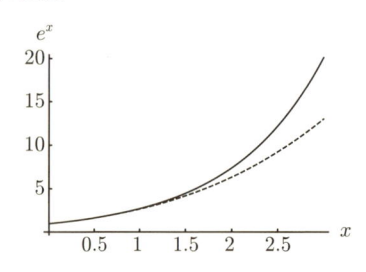

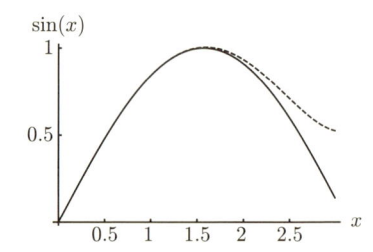

B 多重積分

重要度 ★★

平面上の座標 (x,y) の関数 $f(x,y)$ について，(x,y) 平面上の領域 S 内で，微小面積 $\Delta S_i = \Delta x_i \Delta y_i$ とその範囲内の代表値 f_i の積の和 $I = \sum_i f_i \Delta S_i$ が $\Delta S_i \to 0$ の極限で収束するとき

$$I = \int_S f\, dS = \iint_S f(x,y)\, dx\, dy \tag{B.1}$$

を f の二重積分，あるいは面積分とよぶ．

同じく，空間 3 次元座標 (x,y,z) の関数 $f(x,y,z)$ のある体積 V 内での積分

$$I = \int_V f\, dV = \iiint_V f(x,y,z)\, dx\, dy\, dz \tag{B.2}$$

を三重積分，あるいは体積積分とよぶ．

被積分関数を $f=1$ とすると，それぞれ領域の面積，または体積を与える．

(例) 頂点を $(-a,0), (a,0), (b,c)$ とする三角形の面積を求める．

$$S = \int_0^c dy \int_{-a+(y/c)(a+b)}^{a-(y/c)(a-b)} dx = \int_0^c dy \frac{2a}{c}(c-y)\, dy = ac. \tag{B.3}$$

<u>質量が連続に分布している物体の重心の計算</u>

質量分布を $\Delta m(\boldsymbol{r}) = \rho(\boldsymbol{r})\Delta V$ とすると，密度分布は

$$\rho(\boldsymbol{r}) = \frac{dm}{dV} = \frac{d^3 m}{dx\, dy\, dz}. \tag{B.4}$$

これを体積積分すると全質量を得る．

$$M = \int dm = \int \rho(\boldsymbol{r})dV = \int \rho(x,y,z)\, dx\, dy\, dz. \tag{B.5}$$

重心座標は質量の重みをつけた座標の平均である．

$$\boldsymbol{R}_G = (X_G, Y_G, Z_G) = \frac{\int \boldsymbol{r}\, dm}{\int dm} = \frac{\int \boldsymbol{r}\, \rho(\boldsymbol{r})\, dV}{\int \rho(\boldsymbol{r}) dV} \tag{B.6}$$

$$X_G = \frac{1}{M} \int x\, \rho(x,y,z)\, dx\, dy\, dz \quad \text{など} \tag{B.7}$$

(例)　前の例の三角形の重心を求める．

$$\int_0^c dy \int_{-a+(y/c)(a+b)}^{a-(y/c)(a-b)} x\, dx = \int_0^c \frac{2ab}{c^2} y(c-y)\, dy = \frac{abc}{3}$$

より　$X_G = \dfrac{abc}{3} \dfrac{1}{ac} = \dfrac{b}{3}$ \hfill (B.8)

$$\int_0^c y\, dy \int_{-a+(y/c)(a+b)}^{a-(y/c)(a-b)} dx = \int_0^c \frac{2a}{c} y(c-y)\, dy = \frac{ac^2}{3}$$

より　$Y_G = \dfrac{c}{3}$． \hfill (B.9)

<u>ベクトル場の経路積分</u>

2次元平面上で，向きのあるなめらかな曲線を $L = [(x(t), y(t)); t = \{0, 1\}]$ で定義する．曲線上の t でラベルされる点と $t + \Delta t$ でラベルされる点の間の微小距離を $\Delta s = \sqrt{(\Delta x)^2 + (\Delta y)^2}$ とすると，

$$\Delta s \longrightarrow ds = \sqrt{(dx)^2 + (dy)^2} = \sqrt{\left(\frac{dx}{dt}\right)^2 + \left(\frac{dy}{dt}\right)^2}\, dt. \tag{B.10}$$

したがって，向きを曲線の接線方向にとった微小変位ベクトルは

$$d\boldsymbol{s} = \left(\frac{dx}{dt}\, dt, \frac{dy}{dt}\, dt\right) = (dx, dy). \tag{B.11}$$

この平面上で定義されるベクトル場 $\boldsymbol{F} = (F_x, F_y)$ を考える．$\boldsymbol{F}$ は座標だけで決まるとする．曲線上の点 s で $\boldsymbol{F}$ の接線方向の成分に微小距離をかけて，曲線に沿って和をとると $\boldsymbol{F}$ の曲線 L に沿った経路積分が得られる．

$$W = \sum_{L \text{ 上の点 } t_i} \boldsymbol{F}(t_i) \cdot d\boldsymbol{s}(t_i)$$
$$\longrightarrow \int_L \boldsymbol{F} \cdot d\boldsymbol{s} = \int_0^1 \left(F_x(t) \frac{dx}{dt} + F_y(t) \frac{dy}{dt} \right) dt. \tag{B.12}$$

経路 $L_1(A \to B)$ と経路 $L_2(B \to C)$ 上の積分の和をとると，合成した積分路に沿った積分

$$W = \int_{L_1(A \to B)} \boldsymbol{F} \cdot d\boldsymbol{s} + \int_{L_2(B \to C)} \boldsymbol{F} \cdot d\boldsymbol{s}$$
$$= \int_{L_1 + L_2(A \to B \to C)} \boldsymbol{F} \cdot d\boldsymbol{s} \tag{B.13}$$

を得る．

積分経路には向きがある：$L(A \to B)$ と同じ曲線上を逆にたどる経路 $\overline{L}(B \to A)$ について

$$\int_{\overline{L}} \boldsymbol{F} \cdot d\boldsymbol{s} = \int_{B \to A} \boldsymbol{F} \cdot d\boldsymbol{s} = -\int_{A \to B} \boldsymbol{F} \cdot d\boldsymbol{s}. \tag{B.14}$$

始点 A と終点 B が同じ 2 つの経路 $L_1(A \to B)$ と $L_2(A \to B)$ についての積分を考えると

$$W_1 = \int_{L_1} \boldsymbol{F} \cdot d\boldsymbol{s} \quad W_2 = \int_{L_2} \boldsymbol{F} \cdot d\boldsymbol{s} \text{ について} \tag{B.15}$$

$$W_1 - W_2 = \int_{L_1(A \to B)} \boldsymbol{F} \cdot d\boldsymbol{s} - \int_{L_2(A \to B)} \boldsymbol{F} \cdot d\boldsymbol{s}$$
$$= \int_{L_1(A \to B)} \boldsymbol{F} \cdot d\boldsymbol{s} + \int_{\overline{L_2}(B \to A)} \boldsymbol{F} \cdot d\boldsymbol{s}$$
$$= \int_{L_1 + \overline{L_2}(A \to B \to A)} \boldsymbol{F} \cdot d\boldsymbol{s} \tag{B.16}$$

となり，経路 L_1 と経路 L_2 の逆経路を合成して，$A \to B \to A$ と元へ戻る経路の積分を与える．経路積分が経路の取り方によらない場合には

$$W_1 = W_2 \longrightarrow W_{L_1 + \overline{L_2}(A \to B \to A)} = 0. \tag{B.17}$$

このように始点と終点が同一であるような経路は閉じた経路とよばれる．

C 発展問題略解

1章の発展問題

1-1. $v = Ab(1 - e^{-bt})$, $a = Ab^2 e^{-bt}$.

1-2. $v = v_0 + \dfrac{a_0}{\lambda}(1 - e^{-\lambda t})$, $x = x_0 + \left(v_0 + \dfrac{a_0}{\lambda}\right)t - \dfrac{a_0}{\lambda^2}(1 - e^{-\lambda t})$.

2-1. 解は $R = R_0 e^{-\lambda t}$. 半減期は $e^{-\lambda T} = \dfrac{1}{2}$ を満たす T だから, $T = \dfrac{\ln 2}{\lambda}$.

2-2. $x(t) = A\cos\omega t + B\sin\omega t$. 定数 A, B を決める2つの初期条件を必要とする.

2-3. $t = t_0$ での初期条件が与えられた場合に, 一般解は

$$x = x(t_0) + v(t_0)(t - t_0) - \frac{1}{2}\alpha(t - t_0)^2 \quad x > 0 \text{ 領域}$$
$$x = x(t_0) + v(t_0)(t - t_0) + \frac{1}{2}\alpha(t - t_0)^2 \quad x < 0 \text{ 領域}. \tag{C.1}$$

これらを用いて, $0 < t < \dfrac{2v_0}{\alpha}$ の間は

$$x(t) = v_0 t - \frac{1}{2}\alpha t^2, \quad v(t) = v_0 - \alpha t. \tag{C.2}$$

続いて, $\dfrac{2v_0}{\alpha} < t < \dfrac{4v_0}{\alpha}$ の間は

$$x(t) = -v_0\left(t - \frac{2v_0}{\alpha}\right) + \frac{1}{2}\alpha\left(t - \frac{2v_0}{\alpha}\right)^2$$
$$v(t) = -v_0 + \alpha\left(t - \frac{2v_0}{\alpha}\right) \tag{C.3}$$

となり, その後, 周期 $T = \dfrac{4v_0}{\alpha}$ でこの運動を繰り返す (次頁の図は $T = 2$ とする解を示す).

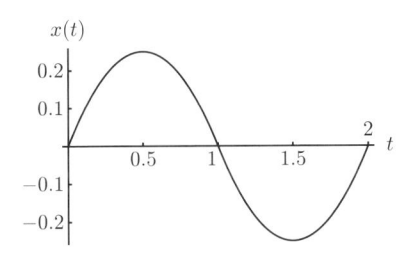

3-1. $x-y$ 面内で回転しながら，一定の加速度 $-g$ によって，z 方向に加速されていく運動．z 軸負の方向に重力が働いて回転しながら落下する運動がこれである．

3-2. $\omega \to -\omega$ と置き換えれば，逆向きの回転運動を表す．

3-3. $\delta = 0$ なら，$x = y = A\cos\omega t$, $\delta = \pi$ なら $x = -y = A\cos\omega t$ の直線上の振動運動．$\delta = \pi/2$ と $3\pi/2$ の場合は，$x^2 + y^2 = A^2$ であるが，回転の向きは逆の円運動を表す．$\delta = \pi/4$ のときは斜めに傾いた楕円運動を表す（下図）．

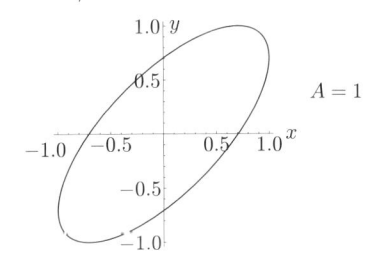

2章の発展問題

4-1. 略．

4-2. 摩擦力は大きさが一定でも向きはおもりの運動方向と逆に働くので，一定ではないことに注意する．摩擦力の大きさを $f > 0$ とすると，v の正負に応じて運動方程式およびその一般解は

$$m\ddot{x} = -kx \mp f \qquad v = \pm|v| \text{ の場合}$$

$$\ddot{x} = -\omega^2(x \pm c), \quad c \equiv \frac{f}{k},\ \omega^2 \equiv \frac{k}{m} \tag{C.4}$$

$$x = a\cos(\omega t + \delta) \mp c \tag{C.5}$$

$$v = -a\sin(\omega t + \delta)$$

となり，$\omega t \to \omega t + \pi$ となるごとに v が符号を変える．したがって，題意の解は c が初期位置 A に比べて十分に小さいとすると，

$$x = (A - c)\cos\omega t + c \qquad 0 < \omega t < \pi \tag{C.6}$$

$$x = (A - 3c)\cos\omega t - c \qquad \pi < \omega t < 2\pi \tag{C.7}$$

などとなり，半周期ごとに振幅が $2c$ ずつ減少する．$A - 2nc < c$ となると，振動できなくなって $x = \pm(A - 2nc)$ で静止する．$A = 10$, $c = 1.5$, $\omega = 1$ とすると，下図のようになり $\omega t = 3\pi$ で静止する．

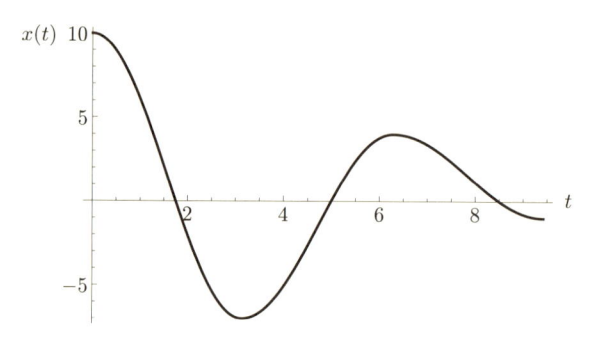

5-1. 特解は $v_y = -\dfrac{g}{\gamma}$．斉次方程式の解 $v_y = Ae^{-\gamma t}$ と合わせて，一般解は $v_y = -\dfrac{g}{\gamma} + Ae^{-\gamma t}$．

5-2. $t \to \infty$ とすると，$e^{-\gamma t} \to 0$ であるから，$v_y \to -\dfrac{g}{\gamma}$ が鉛直落下の終端速度となる．

5-3. (a) 初期位置を原点にとり，水平方向を x, 鉛直方向を y とする．$(x, y) = (L, h)$ を通る軌道を求めればよい．

$$x = v_0 \cos\theta\, t = L$$
$$y = v_0 \sin\theta\, t - \frac{1}{2}g t^2 = h \tag{C.8}$$

から t を消去すると，$\tau \equiv \tan\theta$ とおくと

$$L\tau - \frac{gL^2}{2v_0^2}(1 + \tau^2) = h \quad \text{より}$$

$$\tau^2 - \frac{2v_0^2}{gL}\tau + 1 + \frac{2v_0^2 h}{gL^2} = 0 \tag{C.9}$$

この τ の 2 次方程式が実根を持つ条件は

$$\frac{v_0^4}{g^2 L^2} - 1 - \frac{2v_0^2 h}{gL^2} \geq 0$$
$$\longrightarrow v_0^2 \geq g(h + \sqrt{h^2 + L^2}) \tag{C.10}$$

となり，標的に命中するために必要な v_0 の値の下限を与える．
(b) 式 (C.10) の等号が成り立つ場合には式 (C.9) の解は 1 個（重根）．等号が満たされない場合には，式 (C.9) は 2 個の実数解を持つ．

$$\tan\theta = \frac{v_0^2}{gL} \pm \sqrt{\frac{v_0^4}{g^2 L^2} - 1 - \frac{2v_0^2 h}{gL^2}}. \tag{C.11}$$

したがって，2 つの異なる打ち上げ角度 θ の値に対応する，2 つの軌道が許される．

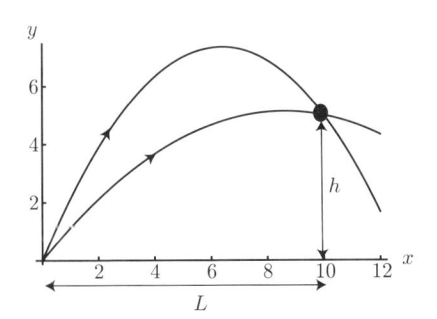

6-1. (a) 運動方程式

$$\frac{d^2 z}{dt^2} = -y_0 + \lambda^2 z \tag{C.12}$$

の特解 $z = \dfrac{g_0}{\lambda^2}$ を用いて，初期条件を満たす解は

$$z(t) = -\frac{g_0}{\lambda^2}(\cosh\lambda t - 1) + \frac{v_0}{\lambda}\sinh\lambda t. \tag{C.13}$$

$z(t_0) = 0$ を満たす $t_0 \neq 0$ は

$$t_0(\lambda) = \frac{1}{\lambda}\ln\frac{g_0 + \lambda v_0}{g_0 - \lambda v_0}. \tag{C.14}$$

この問題の設定では，$z > g_0/\lambda^2$ で重力が上向きに変わってしまう．初速が $v_0 \geq (g_0/\lambda)$ となると，$z > g_0/\lambda^2$ となって，どんどん上昇して落ちてこないという非現実的な解となる．

下に $v_0 = g_0 = 10$ とした場合の $t_0(\lambda)$ を示す．

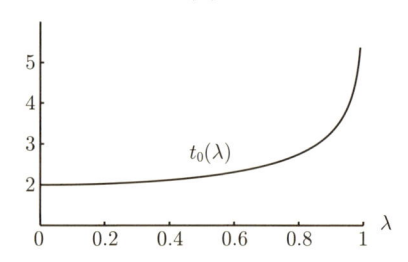

(b) 解は
$$z(t) = h - \frac{g_0}{\lambda^2}(\cosh \lambda t - 1) \tag{C.15}$$
$$v(t) = -\frac{g_0}{\lambda} \sinh \lambda t \tag{C.16}$$
となる．落下時刻 t_0 は $\cosh \lambda t_0 = 1 + \frac{h\lambda^2}{g_0}$ を満たすので
$$v(t_0) = -\frac{g_0}{\lambda}\sqrt{\left(1 + \frac{h\lambda^2}{g_0}\right)^2 - 1}. \tag{C.17}$$

7-1. (a) $\Re A e^{i\Omega t} = \Re |A| e^{i(\Omega t + \delta)} = |A| \cos(\Omega t + \delta)$ より題意．
(b) 振幅は A の絶対値で与えられる．式 (2.45) から，
$$|A| = \frac{f}{\sqrt{(\omega_0^2 - \Omega^2)^2 + 4\gamma^2 \Omega^2}} \tag{C.18}$$
となって，$\Omega = \omega_0$ にピークを持つ．（図は $\omega_0 = 5$，$f = 1$ の場合．）

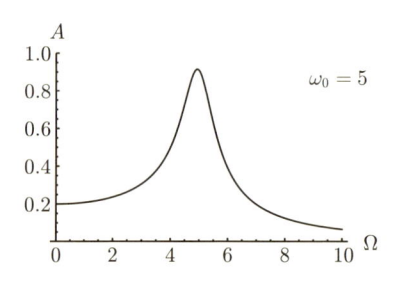

7-2. 例題 4 の式 (2.4) の解を $x = Ae^{ft}$ とおいて求める.

$$f^2 + 2\gamma f + \omega_0^2 = 0 \quad \text{を満たすことから}$$
$$f = -\gamma \pm \sqrt{\gamma^2 - \omega_0^2}. \tag{C.19}$$

(a) $\omega_0 = \gamma$ のとき,解は重根で $f = -\gamma$. 独立な解は $x(t) = A_1 e^{-\gamma t}$ および $x(t) = A_2 t e^{-\gamma t}$ を持つ.

(b) $\omega_0 < \gamma$ の場合は,式 (C.19) の 2 解は 2 実根. それらを f_1, f_2 とすると,一般解は $x(t) = A_1 e^{-f_1 t} + A_2 e^{-f_2 t}$.
例題 4 では,減衰しながら振動する解を得たが,γ が大きいと,この発展問題の解のように振動せずに減衰する解となる.

8-1. 力積は運動量の変化に等しいので,ボールの質量を m,衝突前の速度を $\boldsymbol{v}$,衝突後の速度を $\boldsymbol{v}'$ とすると,$\boldsymbol{P} = m\boldsymbol{v}' - m\boldsymbol{v}$. 弾性衝突の場合には運動エネルギーが保存するので,$|\boldsymbol{v}'| = |\boldsymbol{v}|$ が成り立ち,入射角と出射角が等しいので,$\boldsymbol{P}$ は壁に垂直外向きで大きさは $|\boldsymbol{P}| = 2mv\cos\theta$.

8-2. (a) $x = -A\cos\omega t$, ただし $\omega = \sqrt{\dfrac{k}{m}}$.

(b) バネが自然長になるまでの時間は周期の $(1/4)$ で,$t_1 = \dfrac{\pi}{2\omega}$. 力積は力を時間で積分して,

$$P = \int_0^{t_1}(-kx)dt = \frac{kA}{\omega}\sin\omega t_1 = A\sqrt{km}. \tag{C.20}$$

(c) $v(t_1) = A\sqrt{\dfrac{k}{m}}$ より,$mv = A\sqrt{km}$ となって,この間に受けた力積に等しい.

9-1. 2 個の質点の相対距離 $x_1 - x_2$ が速く振動する.一方,2 個の質点の重心が壁の間でゆっくりと振動する解となる.

3 章の発展問題

10-1. (a) 運動方程式は $ma = -mg - \beta v$. これを v について解いて,$v = 0$ の時刻を求める.$\lambda \equiv \dfrac{\beta}{m}$ とおくと

$$v = v_0 e^{-\lambda t} + \frac{mg}{\beta}(-1 + e^{-\lambda t}) \tag{C.21}$$

$$e^{-\lambda T} = \frac{mg}{mg + \beta v_0} \quad \text{より}$$

$$T = \frac{m}{\beta} \ln \frac{mg + \beta v_0}{mg}. \tag{C.22}$$

(b) 初速の条件のもとで，$v(t) = v_0(2e^{-\lambda t} - 1)$, $T = \frac{\ln 2}{\lambda}$, $\lambda = \frac{g}{v_0}$. よって到達する高さは

$$h = \int_0^T v dt = -v_0 T + \frac{2v_0}{\lambda}(1 - e^{-\lambda T}) = \frac{v_0^2}{g}(1 - \ln 2). \tag{C.23}$$

重力のする仕事は $W_g = -mgh = -mv_0^2(1 - \ln 2)$. 空気抵抗は速度に依存するので，仕事を時間積分として計算する．

$$W_f = \int_0^T (-\beta v) v dt = \frac{\beta v_0^2}{2\lambda}(1 - 2\ln 2) = mv_0^2 \left(\frac{1}{2} - \ln 2\right). \tag{C.24}$$

仕事の和は $W_g + W_f = -\frac{1}{2}mv_0^2$ となって，ちょうど初期運動エネルギーの分が仕事で失われて，静止したことがわかる．すなわち，仕事とエネルギーの関係が成り立っている．

10-2. 略．

10-3. 摩擦力による仕事により力学的エネルギーが減少する．時刻 t での力学的エネルギーは

$$E(t) = A_0^2 e^{-2\gamma t} \left[\omega_0^2 + \gamma^2 \cos 2(\omega t + \delta) + \gamma \omega \sin 2(\omega t + \delta)\right]. \tag{C.25}$$

よって，$t \to t + T = t + \frac{2\pi}{\omega}$ とすると，$[\cdots]$ の部分は同じ値をとるので，

$$\Delta E = E(t+T) - E(t) = -\left(1 - e^{-\frac{4\pi\gamma}{\omega}}\right) E(t). \tag{C.26}$$

10-4. $v = \sqrt{\dfrac{2(M - \mu m)gh}{M + m}}$.

11-1. 摩擦力は大きさは一定だが，運動方向が変わると向きが変わるので，位置だけで指定できない．

11-2. (a) $E = \dfrac{1}{2}mv^2 + \dfrac{1}{2}kx^2$ より，

$$v = \frac{dx}{dt} = \pm\sqrt{\omega^2(\epsilon^2 - x^2)} \tag{C.27}$$

ここで $\omega \equiv \sqrt{\dfrac{k}{m}}, \quad \epsilon^2 \equiv \dfrac{2E}{k}$.

(b) 微分方程式の解は, $x(t) = \epsilon \cos\theta(t)$ と変数を置換すると,

$$\int dx \frac{1}{\sqrt{\epsilon^2 - x^2}} = \int d\theta = \pm \int \omega dt \tag{C.28}$$

$$\longrightarrow x = \sqrt{\frac{2E}{k}} \cos\omega(t - t_0). \tag{C.29}$$

この振幅を A とおくと, $E = \dfrac{1}{2}kA^2$.

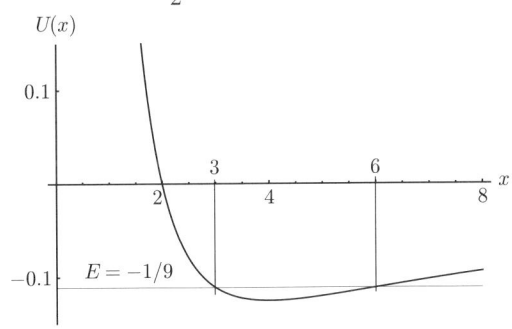

11-3. (a) $x = 4$. ポテンシャルの形は上図の通り.
(b) このとき, $E = -\dfrac{1}{9}$ をとり, $3 \le x \le 6$ の領域で往復運動をする.
(c) このときは $E = 0$ となり, $x = 2$ から $x \to \infty$ へ運動を続ける.

12-1. $W = K\left(\dfrac{1}{a} - \dfrac{1}{b}\right)$.

12-2. (a) L_2 に沿って質点を移動する場合に重力が与える仕事は

$$W(L_2) = -mgh. \tag{C.30}$$

振り子の運動経路 L_1 に沿って重力が与える仕事は, 円弧の接線方向の微小長さ $\ell d\theta$ を用いて, 重力の接線方向の成分 $-mg\sin\theta$ を積分すると,

$$W(L_1) = \int_0^\theta -mg\sin\theta \ell d\theta = -mg\ell(1 - \cos\theta) = -mgh \tag{C.31}$$

となる. 2つの経路の仕事の積分が一致することがわかる.

(b) 振り子の運動方向と糸の張力は常に直交しているので，張力は質点に仕事を与えない．

12-3. (a) 円弧に沿った積分の場合，$d\bm{r} = (-y\,d\theta, x\,d\theta)$ と書けるので，L_1 に沿った積分は

$$W(L_1) = \int \bm{F} \cdot d\bm{r} = \int_0^{2\pi/3} \frac{k}{r^2}(y^2 + x^2)d\theta = \frac{2\pi}{3}k. \tag{C.32}$$

同様に，L_2, L_3 に沿った積分は

$$W(L_2) = -\frac{2\pi}{3}k + \int_{-\sqrt{3}R/2}^{\sqrt{3}R/2} dy \frac{-R/2}{(R/2)^2 + y^2} = -\frac{4\pi}{3}k \tag{C.33}$$

$$W(L_3) = 2\pi k. \tag{C.34}$$

(b) 始点と終点が同一であるにもかかわらず経路 L_1 と L_2 で仕事が異なる値をとる．また，閉じた経路である L_3 での仕事積分が 0 でない．

13-1. $f = -m(g_0 - \lambda^2 z)$ となる．したがって，発展問題 6-1 の力が保存力であることがわかる．

4 章の発展問題

14-1. $\bm{a} \cdot (\bm{b} \times \bm{c})$ は次の行列の行列式に等しい．

$$P = \begin{pmatrix} a_x & b_x & c_x \\ a_y & b_y & c_y \\ a_z & b_z & c_z \end{pmatrix} \tag{C.35}$$

$$|P| = a_x(b_y c_z - b_z c_y) + a_y(b_z c_x - b_x c_z) + a_z(b_x c_y - b_y c_x). \tag{C.36}$$

この行列の列を $\bm{a} \to \bm{b} \to \bm{c} \to \bm{a}$ と循環的に入れ替えても行列式の値は変わらない．

14-2. 略．

14-3. 14-1 と 14-2 の公式を組み合わせて

$$(\bm{a} \times \bm{b}) \cdot (\bm{c} \times \bm{d}) = \bm{a} \cdot (\bm{b} \times (\bm{c} \times \bm{d}))$$
$$= \bm{a} \cdot (\bm{c}(\bm{b} \cdot \bm{d}) - \bm{d}(\bm{b} \cdot \bm{c})) = (\bm{a} \cdot \bm{c})(\bm{b} \cdot \bm{d}) - (\bm{a} \cdot \bm{d})(\bm{b} \cdot \bm{c}). \tag{C.37}$$

15-1. $v = r\dot{\theta}e_\theta$, $a = -r\dot{\theta}^2 e_r + r\ddot{\theta}e_\theta$. e_θ 方向の成分は円軌道に沿った加速,減速を表し, a の第 1 項は円運動に必要な中心向きの力, 向心力を表す.

15-2. $b \times c$ は b と c を含む平面に垂直なベクトルで, 大きさ $bc\sin\theta$ (θ は b と c の挟む角) は, b と c が作る平行四辺形の面積である. したがって, a と $b \times c$ の間の角を ϕ とすると, $a \cdot (b \times c) = abc\sin\theta\cos\phi$ は平行六面体の体積となる. a, b, c のいずれか 2 つが平行あるいは反平行な場合は, 平行六面体がつぶれて, 体積は 0 となる.

15-3. 発展問題 14-2 の式を用いる.

15-4. 略.

16-1. 原点を (有限の速度で) 通過する質点の角運動量は 0 だから, 明らか.

16-2. (a) 面積速度は $s = \frac{1}{2}v_0 a$ で一定. 角運動量は $\boldsymbol{L} = (0, 0, -mv_0 a)$.

(b) $\boldsymbol{L} = (0, 0, -mv_0(a+b))$. したがって, $a = -b$ なら $\boldsymbol{L} = 0$. 角運動量は原点の取り方に従って変わる. この例のように, 軌道上の点を原点にとると, 角運動量は 0 となる.

(c) 角運動量は $\boldsymbol{L} = (0, 0, -mv_0 a)$ で, 散乱前と同じである. したがって, トルクの働かない中心力によって軌道が曲がったと推測できる (しかし, これが唯一の解ではない).

16-3. (a) $x = r\cos\theta$, $y = r\sin\theta$ を代入すると

$$r^2(A\cos^2\theta + B\sin^2\theta) = 1 \tag{C.38}$$

$$r^2 = \frac{1}{a + b\cos 2\theta}, \qquad a \equiv \frac{A+B}{2}, b \equiv \frac{A-B}{2} \tag{C.39}$$

$$\cos 2\theta = \frac{1}{b}\left(\frac{1}{r^2} - a\right) \tag{C.40}$$

を得る.

(b) 面積速度を S (= 定数) とすると,

$$S = \frac{1}{2}r^2\dot{\theta} \quad \text{より} \quad \dot{\theta} = \frac{S}{r^2} \quad \text{よって} \tag{C.41}$$

$$a_r = \ddot{r} - r\dot{\theta}^2 = \ddot{r} - \frac{4S^2}{r^3}. \tag{C.42}$$

式 (C.39) を時間微分して

$$2r\dot{r} = 2b\sin 2\theta r^4 \dot{\theta} = 4bS\sin 2\theta r^2 \tag{C.43}$$

$$\ddot{r} = 2bS\sin\theta \dot{r} + 4bSr\cos\theta \dot{\theta}$$

$$= 4b^2 S^2 r \left[1 - \frac{1}{b^2}\left(\frac{1}{r^2} - a\right)^2\right] + 8S^2\left(\frac{1}{r^3} - \frac{a}{r}\right)$$

$$= \frac{4S^2}{r^3} - 4(a^2 - b^2)S^2 r. \tag{C.44}$$

したがって，動径方向の加速度は

$$a_r = \ddot{r} - r\dot{\theta}^2 = -4(a^2 - b^2)S^2 r = -\frac{1}{2}ABS^2 r. \tag{C.45}$$

(c) 面積速度が一定なので，中心力による運動であるから，力は動径方向 $\bm{F} = F_r \bm{e}_r$ となる．よって，(b) の結果より

$$F_r = -\frac{mABS^2}{2}r. \tag{C.46}$$

すなわち，中心からの距離に比例する中心からの引力であることがわかる（自然長が 0 のバネによる力）．

17-1. (a) 張力を T，重力を mg とし，トルクの平面 OPQ に垂直な成分は紙面手前向きを正符号にとると，P 点のまわりのトルクは

$$N(T) = -Tr\cos\theta, \quad N(G) = mgr. \tag{C.47}$$

O 点のまわりでは

$$N(T) = 0, \quad N(G) = mgr. \tag{C.48}$$

P 点のまわりでは，$N(G) + N(T) = 0$ が成り立って，全トルクが 0 となり角運動量が一定となる．O 点のまわりの角運動量は OP 直線のまわりを歳差運動する．

(b) P 点のまわりのトルクが 0 となる条件は，$mgr - Tr\cos\theta = 0$，すなわち

$$T = \frac{mg}{\cos\theta}. \tag{C.49}$$

等速円運動に必要な向心力 $mr\omega^2 = m\ell\sin\theta\omega^2 = T\sin\theta$ を用いて

$$\omega^2 = \frac{T}{m\ell} = \frac{g}{\ell \cos\theta}. \tag{C.50}$$

17-2. (a) 角運動量の紙面に垂直手前向きの成分は $L = 2m\ell v_0$.
(b) 運動エネルギーが保存するので，速さは変わらず，v_0 のまま．O 点のまわりの角運動量は $L = 2m\ell v_0 \cos^2\theta$.
(c) $T = -2mv_0^2 \sin\theta \cos\theta = -mv_0^2 \sin 2\theta$ となる．APB がなす角が 2θ, よって $\dfrac{d\theta}{dt} = \dfrac{v_0}{2\ell}$ を満たすことを用いると，

$$\frac{dL}{dt} = -mv_0^2 \sin 2\theta = -2m\ell v_0 \sin 2\theta \frac{d\theta}{dt} \quad \text{より}$$

$$\int dL = -2m\ell v_0 \int_0^\theta \sin 2\theta\, d\theta \longrightarrow$$

$$\Delta L = -m\ell v_0 (1 - \cos 2\theta) = 2m\ell v_0 (\cos^2\theta - 1) \tag{C.51}$$

となって，(a) と (b) の答の差に一致する．

5 章の発展問題

18-1. 近日点での速度の方が約 1000 m/s 速い．
18-2. (a) $x = r\cos\theta, y = r\sin\theta$ とおくと，楕円の方程式

$$\frac{(x-ae)^2}{a^2} + \frac{y^2}{a^2(1-e^2)} = 1 \tag{C.52}$$

を得る．中心座標は $(ae, 0)$, 長軸の長さ a, 短軸の長さは $a\sqrt{1-e^2}$.
(b) 略．
18-3. 式 (5.4) で，L, ℓ が定数であることに注意して，

$$\int \frac{d\theta}{(1+e\cos\theta)^2} = \frac{L}{m\ell^2} \int dt \tag{C.53}$$

変数変換 $\tan\dfrac{\varphi}{2} \equiv \alpha \tan\dfrac{\theta}{2}, \quad \alpha \equiv \sqrt{\dfrac{1-e}{1+e}}$ を用いると

$$\int \frac{d\theta}{(1+e\cos\theta)^2} = \frac{\alpha}{(1-e)^2} \int \left(\alpha^2 \cos^2\frac{\varphi}{2} + \sin^2\frac{\varphi}{2}\right) d\varphi$$

$$= \frac{\alpha}{2(1-e)^2} \left((\alpha^2+1)\varphi + (\alpha^2-1)\sin\varphi\right)$$

$$= \frac{1}{(1-e^2)^{3/2}} (\varphi - e\sin\varphi) \tag{C.54}$$

より，
$$\varphi - e\sin\varphi = \frac{L}{m\ell^2}(1-e^2)^{3/2}t + C. \tag{C.55}$$

ここで初期条件から $C = \varphi(t=0) - e\sin\varphi(t=0)$. $\theta = (-\pi, \pi)$ と変化する間に $\varphi = (-\pi, \pi)$ となるので，周期は
$$T = \frac{m\ell^2}{L}\frac{2\pi}{(1-e^2)^{3/2}}. \tag{C.56}$$

一般に $t=0$ で $\varphi = \theta = 0$ となる解は
$$\varphi(t) - e\sin\varphi(t) = 2\pi\frac{t}{T} \tag{C.57}$$

を解いて得られる．離心率 $e = 0$ の場合には，$\varphi(t) = \theta(t) = 2\pi\frac{t}{T}$ となり，この解は等速円運動となる．

19-1. (a) 軌道は
$$x = \frac{\ell}{2} - \frac{1}{2\ell}y^2 \tag{C.58}$$

で与えられる放物線で，頂点は $\left(\frac{\ell}{2}, 0\right)$ で切片は $(0, \pm\ell)$.

(b) E が正となるのは明らか．軌道は $a \equiv \frac{\ell}{e^2-1}$ を用いて
$$(x-ae)^2 - \frac{y^2}{e^2-1} = a^2 \tag{C.59}$$

となる．漸近線は
$$y = \pm\sqrt{e^2-1}\,(x-ae). \tag{C.60}$$

19-2. 略．

20-1. 例題 20 (b) の結果から，$r < R$ では，重力の位置エネルギーは
$$U(r) = \frac{1}{2}kr^2 + (\text{定数}) \qquad \text{ただし，} k = \frac{GmM}{R^3} \tag{C.61}$$

と表される．したがって，運動はバネ定数 k のバネによる単振動と一致する．すなわち，質点は地球の中心を中点とする単振動をする．単振動の周期は質点の質量 m によらず
$$T = 2\pi\sqrt{\frac{m}{k}} = 2\pi\sqrt{\frac{R^3}{GM}} \sim 84\,\text{分} \tag{C.62}$$

(この半分の時間で地球の裏側に到達して（一瞬）止まるので，もっとも早い交通機関になり得る？）．密度が一様でなくても，球対称なら重力は常に地球の中心向きの保存力となるので，質点は地球の裏側の点との間の振動運動を行う．

20-2. 例題 20 (a) の結果を用いて，半径 ξ と $\xi + d\xi$ 間の球面殻からの重力の位置エネルギーを求める．$r > R$ では

$$U(r) = \frac{Gm}{r} \int_0^R \rho(\xi)\, 4\pi \xi^2 \, d\xi = \frac{GmM}{r} \tag{C.63}$$

となる．M は星の全質量を表す．$r < R$ では

$$U(r) = -Gm \left(\int_0^r \frac{\rho(\xi)}{r} 4\pi \xi^2 \, d\xi + \int_r^R \frac{\rho(\xi)}{\xi} 4\pi \xi^2 \, d\xi \right)$$
$$= -\frac{Gm}{r} M(r) - Gm \int_r^R \rho(\xi)\, 4\pi \xi \, d\xi. \tag{C.64}$$

ここで，$M(r)$ は半径 r より内側の部分の質量を表す．式 (C.64) の第 2 項を r で微分すると，$Gm\, 4\pi r \rho(r) = Gm \dfrac{M'(r)}{r}$ となることを用いて，力の動径成分は

$$\begin{aligned} F_r &= -\frac{dU(r)}{dr} = -\frac{GmM}{r^2} \quad r > R \text{ の場合} \\ F_r &= -\frac{GmM(r)}{r^2} \quad r < R \text{ の場合} \end{aligned} \tag{C.65}$$

で与えられることがわかる．

6 章の発展問題

21-1. それぞれのボールの衝突前の運動量をそれぞれ，$\bm{p}_1, \bm{p}_2$，衝突後の運動量を $\bm{p}'_1, \bm{p}'_2$ とすると，衝突前後の運動量の保存則から $\bm{p}_1 + \bm{p}_2 = \bm{p}'_1 + \bm{p}'_2$ が成り立つ．したがって，運動量の変化は $\Delta \bm{p}_1 \equiv \bm{p}'_1 - \bm{p}_1 = -\Delta \bm{p}_2 = -(\bm{p}'_2 - \bm{p}_2)$ が成り立つ．

21-2. 略．

22-1. 略．

7 章の発展問題

23-1. 三角形全体の積分は二重積分

$$\int_0^c dy \int_{\frac{1}{c}(b+a)y-a}^{\frac{1}{c}(b-a)y+a} dx \tag{C.66}$$

と書ける．これをそのまま（1 をかけて）積分すると面積 $S = ac$ となる．同じく，式 (C.66) に x あるいは y をかけて積分すると，x の積分値が $\frac{1}{3}abc$, y が $\frac{1}{3}ac^2$ で与えられるので，S で割ると重心座標 $\left(\frac{b}{3}, \frac{c}{3}\right)$ を得る．

23-2. (a) 正三角形の重心から頂点までの距離は $\frac{a}{\sqrt{3}}$ であるから，$I = 3m\frac{a^2}{3} = ma^2$.

(b) 平行軸の定理より，$I = ma^2 + 3m\frac{a^2}{3} = 2ma^2$.

(c) $I = 2m\left(\frac{a}{2}\right)^2 = \frac{ma^2}{2}$.

(d) $E(b) > E(a) > E(c)$.

23-3. それぞれの慣性モーメントは，(a) Ma^2, (b) $(1/2)Ma^2$, (c) Ma^2 となるので，エネルギーの大きさは $E(a) = E(c) > E(b)$.

24-1. 滑車の慣性モーメントを I, 糸の張力を T とすると，運動方程式は

$$I\frac{d\omega}{dt} = TR$$
$$m\frac{dv}{dt} = mg - T. \tag{C.67}$$

これと条件 $v = R\omega$ から，落下加速度は

$$a = \frac{dv}{dt} = \frac{g}{1 + \frac{I}{mR^2}} = \frac{4}{5}g \tag{C.68}$$

で等加速運動である．$I = \frac{1}{2}MR^2 = \frac{1}{4}mR^2$ を用いた．

同じ結果は，力学的エネルギーの保存からも得られる．$(-x)$ をおもりの高さとすると，力学的エネルギーは

$$E = \frac{1}{2}mv^2 + \frac{1}{2}I\omega^2 - mgx = \frac{1}{2}\left(m + \frac{I}{R^2}\right)v^2 - mgx \tag{C.69}$$

で与えられる．このエネルギーが一定であるから

$$\frac{dE}{dt} = \frac{5}{4}mva - mgv = 0 \longrightarrow a = \frac{4}{5}g. \tag{C.70}$$

24-2. 力学的エネルギーの保存を考えると，滑車の運動エネルギーが小さいほど速く落下するので，滑車の慣性モーメントのもっとも小さいものが速い．答は (a)．

24-3. 円板の密度を ρ とすると，円板の慣性モーメントはそれぞれ，$\frac{1}{2}\rho\pi R_1^4$ および，$\frac{1}{2}\rho\pi R_2^4$．糸の張力をそれぞれ T_1, T_2 とおくと，おもりにかかるトルクは $T_1 R_1 + T_2 R_2$ となる．回転の角加速度 α とおもりの加速度 a_1, a_2 の間には関係式 $\alpha = \dfrac{a_1}{R_1} = \dfrac{a_2}{R_2}$ が成り立つ．以上をまとめて，

$$T_1 R_1 + T_2 R_2 = \frac{1}{2}\pi\rho(R_1^4 + R_2^4)\alpha$$

$$m_1 g - T_1 = m_1 a_1 = m_1 R_1 \alpha$$

$$m_2 g - T_2 = m_2 a_2 = m_2 R_2 \alpha$$

より $\quad \alpha = \dfrac{2(m_1 R_1 + m_2 R_2)g}{m_1 R_1^2 + m_2 R_2^2 + \pi\rho(R_1^4 + R_2^4)}. \tag{C.71}$

おもりが滑車の反対側につるされている場合は $m_1 \to -m_1$ などとすればよい．

25 1. O のまわりの慣性モーメントは $I = \frac{1}{2}MR^2 + Ma^2$．重力によるトルクは $Mga\sin\theta$ となって，

$$\frac{d^2\theta}{dt^2} = \frac{2ga}{R^2 + 2a^2}\sin\theta \tag{C.72}$$

より，微小振れ幅の場合の振り子の周期は

$$T = 2\pi\sqrt{\frac{R^2 + 2a^2}{2ga}} \tag{C.73}$$

25-2. 軸が剛体に与える力と重心にかかる重力の作用線がずれているために，偶力が働いてトルクを与える．軸が固定されていなければ，剛体は回転せずに平行に自由落下する．

25-3. 重力と張力で偶力が生じてトルクによる回転が起こらないためには，重心の位置でつるす必要がある．

8 章の発展問題

26-1. 傾き θ の斜面に沿った加速度は，質点の場合の加速度 $g\sin\theta$ において，g を式 (8.13) の β で置き換えると得られる．慣性モーメントは，球が $\frac{2}{5}Ma^2$，円柱が $\frac{1}{2}Ma^2$ なので，球では $\frac{5}{7}g\sin\theta$，円柱では $\frac{2}{3}g\sin\theta$ となって，円柱の方が遅い．

26-2. 斜面に接する点のまわりの慣性モーメントは，重心のまわりの慣性モーメントを I とすると，$I' = I + Ma^2$（平行軸の定理）となる．接点のまわりの回転の角速度を ω とすると，転がり速度は $v = \omega a$．トルクは $Mga\sin\theta$ である．したがって，

$$I'\frac{d\omega}{dt} = \frac{I+Ma^2}{a}\frac{dv}{dt} = Mga\sin\theta \tag{C.74}$$

$$\longrightarrow \frac{dv}{dt} = \frac{Ma^2}{I+Ma^2}g\sin\theta \tag{C.75}$$

となって，例題 26 の結果と一致する．

27-1. β を小さくするには，$\dfrac{I}{MR^2}$ を大きくする．糸が巻き付く軸の半径 R を小さくすればよい．質量分布が同じであれば，I も M に比例するので，全体の質量を大きくしても β は変わらないことに注意．

28-1. (a) 式 (8.29) で見たように，トルクの向きはこまの回転の同じ向きである．こまの自転を逆向きにすると，歳差運動も逆向きになる．
(b) Ω を大きくするには，$\dfrac{I}{M}$ を大きくするか，ℓ を小さくすればよい．こまの外側を重くして，こまの重心を低くする．

28-2. 略．

9章の発展問題

29-1. 例題 29 の記号を用いると，弾性散乱の場合には重心系で $|\bm{q}| = |\bm{p}|$ が成り立たなければならないので，式 (9.15) より

$$\bm{q}_2 = (p(1-\cos\theta), -p\sin\theta, 0) \tag{C.76}$$

$$q_2^2 = 2p^2(1-\cos\theta)$$

より，$\theta = \pi$（重心系での散乱角が 180°，すなわち正面衝突して互いに逆向きに運動）する場合に q_2^2 および質点 2 の運動エネルギーが最大になる．このとき，

$$\bm{q}_2 = (2p, 0, 0) = \left(\frac{2m_2}{m_1+m_2}p_1, 0, 0\right). \tag{C.77}$$

29-2. 質点がバネから離れた後のそれぞれの速度を v_1, v_2 とすると，運動量とエネルギーの保存から

$$m_1 v_1 + m_2 v_2 = 0 \tag{C.78}$$

$$\frac{1}{2}m_1 v_1^2 + \frac{1}{2}m_2 v_2^2 = \frac{1}{2}k\ell^2 \tag{C.79}$$

よって，($v_1 > 0$ となる向きに座標をとると)

$$v_1 = \sqrt{\frac{m_2}{m_1}\frac{k\ell^2}{m_1+m_2}} \tag{C.80}$$

$$v_2 = -\sqrt{\frac{m_1}{m_2}\frac{k\ell^2}{m_1+m_2}}. \tag{C.81}$$

$$\tag{C.82}$$

20 3. 略．

30-1. 緯度 α の地点では，地球の自転軸が鉛直線から $90° - \alpha$ だけずれている．地球の自転の角速度を $\bm{\Omega} = (0, \Omega\cos\alpha, \Omega\sin\alpha)$ とし，振り子の振動の速度を $\bm{v}_R = (v_x, v_y, 0)$ とすると，コリオリ力およびその水平成分の大きさは

$$\bm{F}^{\mathrm{cor}} = -2m\bm{\Omega} \times \bm{v}_R \tag{C.83}$$

$$F^{\mathrm{cor}}_{水平} = 2mv_R\Omega\sin\alpha. \tag{C.84}$$

コリオリ力による振動面の回転は振動の周期に比べてずっと遅いので，振幅

A の振り子の振動の速度は $v_R = A\omega \sin\omega t$ としてよい．振り子の半周期の振動の間の横方向へのずれの長さは

$$\Delta x = \int_0^{\pi/\omega} 2\Omega \sin\alpha A(1-\cos\omega t)dt = \frac{2\pi}{\omega}A\Omega\sin\alpha \tag{C.85}$$

となるので，振動面の回転の角速度は

$$\frac{\Delta\theta}{\Delta t} = \frac{\Delta x}{2A}\frac{\omega}{\pi} = \Omega\sin\alpha \tag{C.86}$$

である．したがって，振り子の振動面は極点 $\alpha = 90°$ では 1 日に 360 度回転する．赤道面では回転しない．

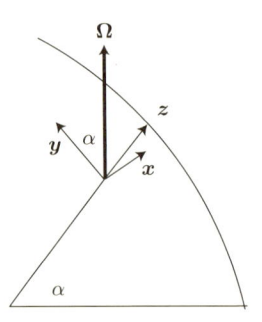

30-2. 台の振動の加速度の最大値は $h\omega^2$ でこれが g を超えると，台に乗ったおもりは慣性力が重力を打ち消すため台から離れる．この結果はおもりの質量には依存しない．

30-3. 動力の働いてない宇宙ステーションは，地球から見ると，重力による加速度によって自由落下しているので，宇宙ステーション内の物体にはちょうど重力による加速度分だけの慣性力が重力と逆向きに働く．

索引

【あ】

位置エネルギー .. 36, 41, 45, 47, 50, 107
運動エネルギー 35, 100, 107
運動量 29, 31, 85
エネルギー 35
遠心力 123
オイラーの公式 25, 26

【か】

角運動量 53, 60, 111
角速度ベクトル 92
加速度系 115
滑車 98
ガリレイ変換 114, 117
ガリレイ変換不変性 13
換算質量 87
慣性座標系 13, 115
慣性質量 13
慣性の法則 13, 115
慣性モーメント 92, 94
慣性力 115, 121
強制振動 26
共鳴 28
極座標 56
偶力 93

経路積分 45, 128
撃力 31, 88
ケプラーの法則 68, 70
減衰振動 15, 40
向心力 139
剛体 91, 105
剛体振り子 102
勾配 51
国際単位系 2
こまの歳差運動 111
固有振動 34
コリオリ力 123

【さ】

座標変換 114
作用と反作用 84
仕事 35, 45
仕事の積分 36, 45
重心 84, 86, 91, 105
重心運動 88
重心系 117
垂直抗力 38
斉次線型微分方程式 6, 23
積分定数 6
線型微分方程式 6
相対運動 88

【た】

楕円運動 71
楕円軌道 68
多重積分 127
中心力 60, 74
テイラー展開 64, 125
等速円運動 30
特解 7
トルク 53, 60, 93, 103, 111

【な】

内力と外力 85
ニュートンの運動方程式 13
ニュートンの法則 13, 35, 84

【は】

万有引力 69, 74, 79
非斉次線型微分方程式 7
微分方程式 6
フーコーの振り子 124
振り子 64
平行軸の定理 95
並進運動 91, 105
ベクトルの外積 54
偏微分 51
保存力 41, 47

【ま】

面積速度 61, 68

【や】

ヨーヨー 109

【ら】

力学的エネルギー ... 37, 43, 74, 109
力積 29, 31, 85
連成振動 32

著者紹介

岡 真（おか まこと）

1980 年	東京大学大学院理学系研究科博士課程修了（理学博士）
1985 年	ペンシルベニア大学物理学科助教授
1991 年	東京工業大学理学部助教授
1996 年–現在	東京工業大学理学部教授（現職、改組により大学院理工学研究科に名称変更）
2007 年–2010 年	東京工業大学大学院理工学研究科学系長（兼務）
専 門	原子核・ハドロン物理理論
趣味等	合唱

フロー式 物理演習シリーズ 5

質点系の力学
ニュートンの法則から剛体の回転まで

Classical Mechanics
for Recitaion

2013 年 2 月 15 日 初版 1 刷発行

著 者 岡 真 © 2013
監 修 須藤彰三
　　　　岡 真
発行者 南條光章
発行所 共立出版株式会社
　　　　東京都文京区小日向 4-6-19
　　　　電話 03-3947-2511（代表）
　　　　郵便番号 112-8700
　　　　振替口座 00110-2-57035
　　　　URL http://www.kyoritsu-pub.co.jp/

印 刷 大日本法令印刷
製 本 中條製本

検印廃止
NDC 423
ISBN 978-4-320-03504-1

一般社団法人 自然科学書協会 会員

Printed in Japan

JCOPY ＜(社)出版者著作権管理機構委託出版物＞
本書の無断複写は著作権法上での例外を除き禁じられています。複写される場合は、そのつど事前に、(社)出版者著作権管理機構（電話 03-3513-6969，FAX 03-3513-6979，e-mail: info@jcopy.or.jp）の許諾を得てください。

カラー図解 物理学事典

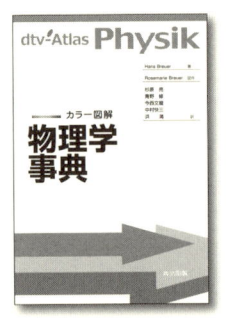

Hans Breuer [著]　Rosemarie Breuer [図作]
杉原 亮・青野 修・今西文龍・中村快三・浜 満 [訳]

ドイツ Deutscher Taschenbuch Verlag 社の『dtv-Atlas 事典シリーズ』は，見開き 2 ページで一つのテーマ（項目）が完結するように構成されている。右ページに本文の簡潔で分かり易い解説を記載し，左ページにそのテーマの中心的な話題を図像化して表現し，本文と図解の相乗効果で，より深い理解を得られように工夫されている。本書は，この事典シリーズのラインナップ『dtv-Atlas Physik』の日本語翻訳版であり，基礎物理学の要約を提供するものである。内容は，古典物理学から現代物理学まで物理学全般をカバーし，使われている記号，単位，専門用語，定数は国際基準に従っている。

■菊判・ソフト上製・412頁・定価5,775円 ≪日本図書館協会選定図書≫

ケンブリッジ 物理公式ハンドブック

Graham Woan [著]／堤　正義 [訳]

この『ケンブリッジ物理公式ハンドブック』は，物理科学・工学分野の学生や専門家向けに手早く参照できるように書かれた必須のクイックリファレンスである。数学，古典力学，量子力学，熱・統計力学，固体物理学，電磁気学，光学，天体物理学など学部の物理コースで扱われる 2,000 以上の最も役に立つ公式と方程式が掲載されている。詳細な索引により，素早く簡単に欲しい公式を発見することができ，独特の表形式により式に含まれているすべての変数を簡明に識別することが可能である。この度，多くの読者からの要望に応え，オリジナルの B 5 判に加えて，日々の学習や復習，仕事などに最適な，コンパクトで携帯に便利な"ポケット版（B 6 判）"を新たに発行。

■B5判・並製・298頁・定価3,465円／■B6判・並製・298頁・定価2,730円

独習独解 物理で使う数学 完全版

Roel Snieder 著・井川俊彦訳　物理学を学ぶ者に必要となる数学の知識と技術を分かり易く解説した物理数学（応用数学）の入門書。読者が自分で問題を解きながら一歩一歩進むように構成してある。それらの問題の中に基本となる数学の理論や物理学への応用が含まれている。内容はベクトル解析，線形代数，フーリエ解析，スケール解析，複素積分，グリーン関数，正規モード，テンソル解析，摂動論，次元論，変分論，積分の漸近解などである。　■A5判・上製・576頁・定価5,775円

共立出版

税込価格（価格は変更される場合がございます）　http://www.kyoritsu-pub.co.jp/

[ベクトル積]

$$\boldsymbol{a} \times \boldsymbol{b} = (a_y b_z - a_z b_y, a_z b_x - a_x b_z, a_x b_y - a_y b_x)$$

$$\boldsymbol{a} \cdot (\boldsymbol{b} \times \boldsymbol{c}) = (\boldsymbol{a} \times \boldsymbol{b}) \cdot \boldsymbol{c} = a_x b_y c_z + a_y b_z c_x + a_z b_x c_y - a_x b_z c_y - a_y b_x c_z - a_z b_y c_x$$

$$\boldsymbol{a} \times (\boldsymbol{b} \times \boldsymbol{c}) = (\boldsymbol{a} \cdot \boldsymbol{c}) \boldsymbol{b} - (\boldsymbol{a} \cdot \boldsymbol{b}) \boldsymbol{c}$$

$$\boldsymbol{a} \times \boldsymbol{a} = 0, \quad \boldsymbol{a} \cdot (\boldsymbol{a} \times \boldsymbol{b}) = \boldsymbol{b} \cdot (\boldsymbol{a} \times \boldsymbol{b}) = 0$$

[位置ベクトル, 速度, 加速度]

位置ベクトル $\boldsymbol{r} = (x, y, z)$, 速度 $\boldsymbol{v} = \dfrac{d\boldsymbol{r}}{dt}$, 加速度 $\boldsymbol{a} = \dfrac{d\boldsymbol{v}}{dt} = \dfrac{d^2 \boldsymbol{r}}{dt^2}$

基底ベクトル：$\boldsymbol{e}_r = (\cos\theta, \sin\theta)$, $\boldsymbol{e}_\theta = (-\sin\theta, \cos\theta)$, $\boldsymbol{e}_r \times \boldsymbol{e}_\theta = \boldsymbol{e}_z$

$\boldsymbol{r} = r\boldsymbol{e}_r$, $\boldsymbol{v} = \dot{r}\boldsymbol{e}_r + r\dot{\theta}\boldsymbol{e}_\theta$, $\boldsymbol{a} = (\ddot{r} - r\dot{\theta}^2)\boldsymbol{e}_r + (2\dot{r}\dot{\theta} + r\ddot{\theta})\boldsymbol{e}_\theta$

[定数係数の斉次線型2階微分方程式の一般解]

$ax'' + bx' + cx = 0$ （a, b, c が定数）の一般解：$x = Ax_1(t) + Bx_2(t)$

2つの独立解 $x_1(t), x_2(t)$ は二次方程式 $af^2 + bf + c = 0$ の解が

(a) 2実根 f_1, f_2 の場合：$x_1(t) = e^{f_1 t}$, $x_2(t) = e^{f_2 t}$

(b) 重根 f の場合：$x_1(t) = e^{ft}$, $x_2(t) = te^{ft}$

(c) 複素数 $f = f_0 \pm i\omega$ の場合：$x_1(t) = e^{f_0 t}\cos\omega t$, $x_2(t) = e^{f_0 t}\sin\omega t$

または $x_{1,2}(t) = e^{(f_0 \pm i\omega)t} = e^{f_0 t}(\cos\omega t \pm i\sin\omega t)$

[簡単な場合]

$$x'' = -g \longrightarrow x'(t) = v_0 - gt, \quad x(t) = x_0 + v_0 t - \frac{1}{2}gt^2$$

$$x'' = -\gamma x' \longrightarrow x'(t) = v_0 e^{-\gamma t}, \quad x(t) = x_0 - \frac{v_0}{\gamma} e^{-\gamma t}$$

$$x'' = -\omega^2 x \longrightarrow x(t) = A\sin\omega t + B\cos\omega t$$

[テイラー展開]

$$f(x) = \sum_{n=0}^{\infty} \frac{f^{(n)}(0)}{n!} x^n = f(0) + xf'(0) + \frac{f''(0)}{2!}x^2 + \ldots$$

$$(1+x)^a = \sum_{n=0}^{\infty} \frac{(a)_n}{n!} x^n = 1 + ax + \frac{a(a-1)}{2}x^2 + \ldots$$

$$e^x = \sum_{n=0}^{\infty} \frac{x^n}{n!}, \; \sin x = \sum_{n=0}^{\infty} (-1)^n \frac{x^{2n+1}}{(2n+1)!}, \; \cos x = \sum_{n=0}^{\infty} (-1)^n \frac{x^{2n}}{(2n)!}$$

[オイラーの公式]

$e^{iz} = \cos z + i\sin z$, $e^{x+iy} = e^x(\cos y + i\sin y)$

[ニュートンの運動方程式]

慣性質量 m, 運動量 $\boldsymbol{p} = m\boldsymbol{v}$ の質点に対して

$$\boldsymbol{F} = m\boldsymbol{a} = m\frac{d^2 \boldsymbol{r}}{dt^2} = \frac{d\boldsymbol{p}}{dt}, \; F_x = ma_x \text{ など}$$

質点に加わった力積：$\boldsymbol{P} = \displaystyle\int_{t_i}^{t_f} \boldsymbol{F}\, dt$